周期表

□ は金属元素
■ は非金属元素

族→ 周期↓	10	11	12	13	14	15	16	17	18
1									4.003 $_2$He ヘリウム 気体
2				10.81 $_5$B ホウ素 固体	12.01 $_6$C 炭素 固体	14.01 $_7$N 窒素 気体	16.00 $_8$O 酸素 気体	19.00 $_9$F フッ素 気体	20.18 $_{10}$Ne ネオン 気体
3				26.98 $_{13}$Al アルミニウム 固体	28.09 $_{14}$Si ケイ素 固体	30.97 $_{15}$P リン 固体	32.07 $_{16}$S 硫黄 固体	35.45 $_{17}$Cl 塩素 気体	39.95 $_{18}$Ar アルゴン 気体
4	58.69 $_{28}$Ni ニッケル 固体	63.55 $_{29}$Cu 銅 固体	65.38 $_{30}$Zn 亜鉛 固体	69.72 $_{31}$Ga ガリウム 固体	72.63 $_{32}$Ge ゲルマニウム 固体	74.92 $_{33}$As ヒ素 固体	78.97 $_{34}$Se セレン 固体	79.90 $_{35}$Br 臭素 液体	83.80 $_{36}$Kr クリプトン 気体
5	106.4 $_{46}$Pd パラジウム 固体	107.9 $_{47}$Ag 銀 固体	112.4 $_{48}$Cd カドミウム 固体	114.8 $_{49}$In インジウム 固体	118.7 $_{50}$Sn スズ 固体	121.8 $_{51}$Sb アンチモン 固体	127.6 $_{52}$Te テルル 固体	126.9 $_{53}$I ヨウ素 固体	131.3 $_{54}$Xe キセノン 気体
6	195.1 $_{78}$Pt 白金 固体	197.0 $_{79}$Au 金 固体	200.6 $_{80}$Hg 水銀 液体	204.4 $_{81}$Tl タリウム 固体	207.2 $_{82}$Pb 鉛 固体	209.0 $_{83}$Bi ビスマス 固体	(210) $_{84}$Po ポロニウム 固体	(210) $_{85}$At アスタチン 固体	(222) $_{86}$Rn ラドン 気体
7	(281) $_{110}$Ds ダームスタチウム 固体	(280) $_{111}$Rg レントゲニウム 固体	(285) $_{112}$Cn コペルニシウム 不明	(278) $_{113}$Nh ニホニウム 不明	(289) $_{114}$Fl フレロビウム 不明	(289) $_{115}$Mc モスコビウム 不明	(293) $_{116}$Lv リバモリウム 不明	(293) $_{117}$Ts テネシン 不明	(294) $_{118}$Og オガネソン 不明

ランタノイド	152.0 $_{63}$Eu ユウロピウム 固体	157.3 $_{64}$Gd ガドリニウム 固体	158.9 $_{65}$Tb テルビウム 固体	162.5 $_{66}$Dy ジスプロシウム 固体	164.9 $_{67}$Ho ホルミウム 固体	167.3 $_{68}$Er エルビウム 固体	168.9 $_{69}$Tm ツリウム 固体	173.0 $_{70}$Yb イッテルビウム 固体	175.0 $_{71}$Lu ルテチウム 固体
アクチノイド	(243) $_{95}$Am アメリシウム 固体	(247) $_{96}$Cm キュリウム 固体	(247) $_{97}$Bk バークリウム 固体	(252) $_{98}$Cf カリホルニウム 固体	(252) $_{99}$Es アインスタイニウム 固体	(257) $_{100}$Fm フェルミウム 固体	(258) $_{101}$Md メンデレビウム 固体	(259) $_{102}$No ノーベリウム 固体	(262) $_{103}$Lr ローレンシウム 固体

基礎化学12講

左巻健男 編著　露本伊佐男・藤村 陽・山田洋一・和田重雄 著

化学同人

- **編著者**
  - 左巻　健男　（法政大学教職課程センター　教授）　　　　　　　　　　　　第1, 10講
- **著　者**
  - 露本　伊佐男　（金沢工業大学バイオ・化学部応用化学科　教授）　　　　　第6, 7, 9講
  - 藤村　陽　（神奈川工科大学基礎・教養教育センター　教授）　　　　　　　第2, 8講
  - 山田　洋一　（宇都宮大学共同教育学部地域創生科学研究科工農　　　　　　第3, 11, 12講
    総合科学専攻農芸化学プログラム　教授）
  - 和田　重雄　（日本薬科大学教養・基礎薬学部門　教授）　　　　　　　　　第4, 5講

はじめに

　本書は，大学理系の基礎教育で化学を学ぶためのテキストとしてつくった．
　とくに半期週一コマの講義を想定している．通常，半期で 14～15 回程度の講義が行われるので，講義担当者が重点を置くテーマや学科によっての重点テーマは複数回行うとしても大丈夫なように 12 講とした．
　本書の特徴は次のようである．

1. 大学理系といってもさまざまな分野がある．どの分野の専門に進むにしても，基礎化学で知ってほしいことを盛り込んだ．
2. 内容は，「あれもこれも」ではなく，「これだけは」学んでほしい，という願いをもって選んだ．
3. 基礎的な内容，つまずきやすい内容を丁寧に記述するようにした．
4. 化学系以外の学科でも，化学的な観点から見た材料の基礎知識は重要と考えて，各論で「金属」や「高分子」なども扱った．

　基礎化学のテキストとしても，リメディアル化学のテキストとしても活用できることを念頭に企画・編集したつもりである．そのときに，現在の高等学校の化学教育の実態も考慮に入れて，高等学校と大学の接続がスムースに行くようにとの配慮もした．
　高等学校で不十分にしか化学を学んでこなかった学生に対して，大学理系で学んでいこうとするなら，基礎から「これだけ」は学ぼう，という提案でもある．
　量子化学的な内容は理解が容易ではないが，考え方の雰囲気だけでもつかんでほしい．執筆者は，すべて大学で教えているが，小学校～高等学校を範囲にした理科教育，化学教育の専門家から環境化学の専門家までが集まってメーリングリストを組んでつくりあげた．
　今後，本書を使われた教員，学生の意見をもとに，さらに改善する機会があることを希望している．
　最後になりますが，労多い編集作業をしていただいた，編集者の松井康郎さん，化学同人の大林史彦さんと山田　歩さんに感謝を申し上げます．

2008 年 3 月 6 日

編著者　左巻　健男

Contents

第1講 化学とはどんな学問か　　1

- 1.1 化学の3本柱 …………………………… 1
- 1.2 物質とは？ ……………………………… 2
  - 1.2.1 "もの"は，質量と体積をもっている　2
  - 1.2.2 物体と物質　2
- 1.3 どんな物質も原子からできている …… 4
  - 1.3.1 物質をつくる原子　4
  - 1.3.2 原子の内部構造　5
  - 1.3.3 元素と原子　5
  - 1.3.4 単体と化合物　6
  - 1.3.5 純粋な物質と混合物　6
  - 1.3.6 有機物と無機物　7
  - 1.3.7 物質の状態　9
- 1.4 物理変化と化学変化 ………………… 10
  - 1.4.1 物理変化　10
  - 1.4.2 化学変化　10
  - 1.4.3 質量保存の法則　11
  - 章末問題 ……………………………… 12

column 化学のいろいろな部門　3／高校化学との関係　4

第2講 原子の構造と電子配置　　13

- 2.1 原子の構造 …………………………… 13
  - 2.1.1 原子は元素の最小単位　13
  - 2.1.2 原子のなかには軽くて負電荷をもつ電子がある——電子の発見　13
  - 2.1.3 電子の電荷の測定と電子の質量，原子の質量と大きさ　14
  - 2.1.4 原子のなかはすきまだらけ——原子核（陽子）の発見　14
  - 2.1.5 原子核のなかには陽子と中性子がある——中性子の発見　15
  - 2.1.6 陽子の個数が原子の性質を決める——原子番号　16
  - 2.1.7 原子の質量は陽子と中性子の個数の和で決まる——質量数　16
  - 2.1.8 原子の相対質量は ^{12}C を基準にする　17
  - 2.1.9 陽子の個数が同じで中性子の個数が違う同位体　17
  - 2.1.10 放射線を出す放射性同位体　18
  - 2.1.11 自然界の元素の相対質量——原子量　18
- 2.2 ボーア・モデル ……………………… 18
  - 2.2.1 電子は原子核のまわりを回れない？　18
  - 2.2.2 ボーアの仮説：電子は特定の半径でのみ原子核のまわりを回り続ける——定常状態　19
  - 2.2.3 電子のエネルギーはとびとびの値をとる　20
- 2.3 原子のなかの電子配置 ……………… 21
  - 2.3.1 電子は内側の電子殻から順に収容される　21
  - 2.3.2 最外殻の電子（価電子）が元素の性質を特徴づける　22
- 2.4 電子の波動関数 ……………………… 23
  - 2.4.1 電子は波としての性格が強い粒子　23
  - 2.4.2 電子殻のなかにはs軌道，p軌道，d軌道がある　24
  - 2.4.3 s軌道，p軌道，d軌道は空間分布が異なる　25
  - 章末問題 ……………………………… 26

第3講 元素の周期表　　27

- 3.1 原子量と元素単体の性質 …………… 27
  - 3.1.1 原子を表す記号，元素記号　27
  - 3.1.2 新元素の発見がもたらしたもの　27
  - 3.1.3 原子量と元素単体の性質に見られる周期性　28
- 3.2 原子番号は元素の背番号 …………… 30
  - 3.2.1 原子量から原子番号へ　30
  - 3.2.2 電子配置とイオン化エネルギー　30

Contents

3.2.3	電気陰性度 ... 34	3.3.2	典型元素と遷移元素 ... 37
3.3	周期表 ... 36	3.3.3	元素の電子配置 ... 38
3.3.1	短周期型周期表から長周期型周期表へ ... 36		章末問題 ... 40

column 電子親和力 33 ／原子半径とイオン半径の周期性 35

第4講 化学式と化学反応式 41

4.1	化学式 ... 41	4.2.2	化学反応式の書き方 ... 46
4.1.1	化学式の種類 ... 41	4.3	無機化学反応の分類と反応式の書き方 ... 51
4.1.2	イオンでできている物質（塩）の化学式 ... 42	4.3.1	燃焼 ... 51
4.1.3	分子でできている物質の化学式の表し方 ... 44	4.3.2	酸と塩基が関係するおもな反応 ... 52
4.1.4	金属の化学式の表し方 ... 45	4.3.3	熱分解反応 ... 52
4.2	化学反応式 ... 45		章末問題 ... 53
4.2.1	化学反応式には何が表されているのか ... 45		

column 硫黄の同素体の化学式と燃焼の化学反応式 51

第5講 化学反応式と物質量，モル濃度 55

5.1	単位と量 ... 55	5.3	化学反応の計算 ... 58
5.1.1	物理量と単位 ... 55	5.3.1	化学反応の計算方法 ... 58
5.2	物質量 ... 56	5.3.2	化学反応計算の応用：反応式が二つの場合 ... 60
5.2.1	物質量とその定義 ... 56		
5.2.2	原子の質量と物質量 ... 56	5.4	物質の濃度 ... 64
5.2.3	原子量と分子量 ... 56	5.4.1	濃度の種類 ... 64
5.2.4	物質量とほかの量との関係 ... 57	5.4.2	濃度の求め方と変換の方法 ... 65
5.2.5	物質量の求め方 ... 57		章末問題 ... 67

第6講 化学結合 1　共有結合 69

6.1	化学結合とは ... 69	6.4	電子対反発モデル（VSEPRモデル） ... 76
6.2	共有結合とオクテット則 ... 70	6.5	ファンデルワールス力と水素結合 ... 80
6.2.1	オクテット則 ... 70	6.5.1	ファンデルワールス力（分子間力） ... 80
6.2.2	共鳴 ... 72	6.5.2	水素結合 ... 80
6.3	共有結合はそもそも何で生じるのか？——分子軌道の考え方 ... 72		章末問題 ... 82

column オクテット則のあてはまらない例1——超原子価化合物 70 ／オクテット則のあてはまらない例2——電子不足化合物 73 ／酸素分子 O_2 は不対電子がないのに常磁性を示す 75 ／フラーレンとカーボンナノチューブ 79

Contents

第7講 化学結合2　金属結合とイオン結合　83

- 7.1 金属結合と金属結晶 ………………… 83
- 7.2 金属結晶中の球の充填 ……………… 84
  - 7.2.1 最密充填　84
  - 7.2.2 最密充填以外の構造　85
- 7.3 イオン結合 …………………………… 86
- 7.4 イオン結晶の性質 …………………… 87
- 7.5 イオン結晶を安定化するエネルギー──融点，溶解度を左右するイオン結合の強さ　88
- 7.6 イオン結晶の構造は何で決まるか？──限界イオン半径比 …………………… 91
- 7.7 結晶の性質 …………………………… 94
- 章末問題　94

第8講 化学反応の進み方と平衡　95

- 8.1 反応熱 ………………………………… 95
  - 8.1.1 発熱反応と吸熱反応　95
  - 8.1.2 エンタルピー　97
- 8.2 反応が進む向き ……………………… 99
  - 8.2.1 エントロピー　99
  - 8.2.2 ギブズエネルギー　101
- 8.3 化学平衡 ……………………………… 102
  - 8.3.1 可逆反応と化学平衡　102
  - 8.3.2 平衡定数　103
  - 8.3.3 ル・シャトリエの原理──平衡の移動　104
- 8.4 反応速度 ……………………………… 105
  - 8.4.1 反応速度　105
  - 8.4.2 反応次数　105
  - 8.4.3 活性化エネルギー　106
  - 8.4.4 触媒　107
- 章末問題　108

第9講 酸と塩基，中和　109

- 9.1 酸，塩基の定義 ……………………… 109
  - 9.1.1 アレニウスの定義　109
  - 9.1.2 ブレンステッドの定義　110
  - 9.1.3 ルイスの定義　111
- 9.2 酸，塩基の価数と強弱 ……………… 113
  - 9.2.1 酸，塩基の価数　113
  - 9.2.2 酸，塩基の強弱　113
- 9.3 水素イオン濃度をどう表現するか？ … 115
  - 9.3.1 水のイオン積　115
  - 9.3.2 水素イオン指数(pH)　117
- 9.4 中和 …………………………………… 119
  - 9.4.1 中和反応　119
  - 9.4.2 中和条件と中和滴定　120
  - 9.4.3 中和滴定──中和点は中性とは限らない　121
- 章末問題　122

column 活量，活量係数について　114／水平化効果　118／酸性を示す塩，塩基性を示す塩　119／正塩，酸性塩，塩基性塩──酸性塩が酸性とは限らない　120／緩衝溶液　121

第10講 酸化と還元　123

- 10.1 酸化と還元 ………………………… 123
  - 10.1.1 酸素を主役にした酸化と還元　123
  - 10.1.2 水素を主役にした酸化と還元　125
  - 10.1.3 電子を主役にした酸化と還元　125
- 10.2 酸化数 ……………………………… 127
- 10.3 酸化剤と還元剤 …………………… 129
- 10.4 酸化還元反応の化学反応式のつくり方　130
- 10.5 酸化還元滴定 ……………………… 132
- 10.6 金属のイオン化傾向 ……………… 133
  - 10.6.1 イオン化傾向とイオン化列　133

Contents

  10.6.2 金属の反応性とイオン化傾向 134
10.7 電池 135
  10.7.1 ダニエル電池 135
  10.7.2 実用電池 136
  章末問題 137

column 燃料電池 137

第11講　物質の世界1　無機物質　139

11.1 金属 139
  11.1.1 金属の特徴 139
  11.1.2 金属の利用 140
  11.1.3 さびとその防止 141
  11.1.4 その他の金属 141
11.2 ガラスとセラミックス 143
  11.2.1 ガラス 143
  11.2.2 陶磁器 144
  11.2.3 ファインセラミックス 145
11.3 非金属元素の化合物 145
  11.3.1 メタン・アンモニア・水 145
  11.3.2 ハロゲン族元素の化合物 147
11.4 気体の無機物質 149
  11.4.1 気体の種類と密度 149
  11.4.2 酸素とオゾン 149
  11.4.3 二酸化炭素と一酸化炭素 150
  11.4.4 窒素とその化合物 150
  11.4.5 そのほかの有毒な気体 152
  章末問題 152

第12講　物質の世界2　有機化合物・高分子　153

12.1 脂肪族化合物 153
  12.1.1 有機化合物の特徴 153
  12.1.2 有機化合物の骨組みをつくる炭化水素 154
  12.1.3 脂肪族炭化水素 155
  12.1.4 有機化合物の表記法 155
12.2 芳香族炭化水素 156
  12.2.1 ベンゼンの構造 156
  12.2.2 ベンゼン環上で起こる反応 158
12.3 各種の有機化合物 160
  12.3.1 フェノールの仲間 160
  12.3.2 アルコール，アルデヒド，ケトン，カルボン酸 161
12.4 プラスチック 163
  12.4.1 プラスチックの分類 163
  12.4.2 単量体と重合体 164
  12.4.3 身のまわりのプラスチック製品 166
  12.4.4 プラスチック利用の問題点 166
  12.4.5 天然繊維 167
  章末問題 168

column 飲酒運転の呼気試験 162

章末問題の解答 169
索引 171

化学とはどんな学問か

私たちは，多種多様な物質を生活に利用している．金属，セラミックス，ナイロンのような合成繊維，ポリエチレンのようなプラスチック類などさまざまな物質が，私たちの生活を豊かで便利なものにしてくれている．現在では，化学研究の成果を生かして，高性能な電池，非常に強い繊維，ファインセラミックスなど，新しい物質や製品も次々と創りだされている．

私たちがこのような物質を創りだす高度の技術をもてるようになったのは，物質の構造や性質，反応を研究する化学が発展してきたからにほかならない．その一方で，化学を学ぶときには，化学の成果を豊かな生活に役立てることだけではなく，それが環境にどのような影響があるのかを含めて総合的に学ぶことが求められる．

1.1 化学の3本柱

化学は，一言でいうと物質についての自然科学の一部門である．とくに物質の「構造」と「性質」，および「化学反応」の三つを研究している（図1.1）．構造とは，物質のなかでどのような原子たちがどのように結びついているか，それらがどのように立体的に配置されているか，ということである．性質とは，密度や水に溶けるかどうか，熱するとどうなるか，電気を流すとどうなるか，試薬を加えるとどうなるかなど，物質がもつ個性のことである．化学反応は，単に反応ともいう．化学反応とは，単独の物質が熱や電気で分解したり，物質どうしが互いに原子の組み替えを行い，はじめにあった物質とは違う別の物質になることである．

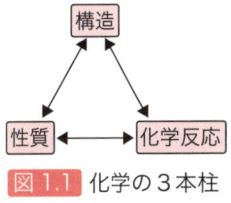

図1.1 化学の3本柱

この三つが化学の研究対象で，それぞれが関係しあっている．まず構造と性質を探究し，その研究結果を基に新しい物質を創りだすことが多い．

1.2 物質とは？

1.2.1 "もの"は，質量と体積をもっている

自然科学は，"もの"や"もの"と相互作用する熱，エネルギー，光，電気，磁気などについて調べる学問である．

ここでの"もの"は，私たちが目で見たり，手で触れたりできるもので，巨視的なレベルの物体である．空気や水蒸気は目には見えないが，ポリ袋に閉じこめたりすればその存在を感じることができる．

"もの"は，どんなに小さくても質量と体積をもっている．逆にいえば，質量と体積をもっていれば，それは"もの"である．空気や水蒸気も，質量と体積をもっている．

"もの"の質量は，形が変わろうが，状態が変わろうが，運動していようが静止していようが，地球上であろうが月面上であろうが変わらない実質の量である．だから，Aという"もの"とBという"もの"を加えると，必ずAとBの質量を足し算したものになる．たとえば，水 100 g に砂糖 10 g を溶かせば，砂糖は溶けて見えなくなっても，110 g の砂糖水ができる．

"もの"の体積は，その"もの"が占めている空間の大きさである．

■例題■ 熱は"もの"か．

解答 "もの"ではない．

【解説】熱は"もの"の温度変化の原因になるが，熱には質量がないから"もの"ではない．

1.2.2 物体と物質

"もの"を使ったりするとき，その"もの"の形や大きさ，使い道，材料などに注目して区別している．とくに形や大きさなど外形に注目した場合は，その"もの"を，とくに物体という．たとえばコップには，ガラス製のもの，紙製のもの，金属製のものなどがあるが，コップという物体をつくっている材料に注目した場合，その材料を物質という．物質とは"もの"の材料である．

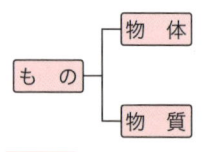

図 1.2 物体と物質

物質は，「何からできているか」という材料に注目した見方なので，化学でよく使われる（図 1.2）．ときには化学物質という言葉も使われる．化学物質というと何か恐ろしげなイメージをもつ人がいるかもしれない．しかし，化学物質は，私たち人間はもちろん，私たちの周りの空気，水，衣服，建築物，食べ物，土，岩石などあらゆるものをつくっている物質のことなのである．つまり，原子でできていて，質量と体積をもち，さまざまものをつくってい

るのは，物質，すなわち化学物質なのである．

アメリカである学生が，ジハイドロジェンモノオキサイド（以下 DHMO）という名前の化学物質の禁止を訴えて署名活動を行った．

「DHMO は，無色，無臭，無味である．そして毎年数え切れないほどの人を殺している．DHMO の偶然の吸入によっても多数の死者が出ている．その固体にさらされるだけでも激しい皮膚障害を起こす．DHMO は，酸性雨の主成分であり，温室効果の原因でもある．DHMO は，今日アメリカの，ほとんどすべての河川，湖および貯水池で発見されている．それだけではない，DHMO 汚染は全世界に及んでいる．汚染物質（DHMO）は南極の氷でも発見されている．

アメリカ政府は，この物質の製造，拡散を禁止することを拒んでいる．

今からでも遅くない！さらなる汚染を防ぐために，今，行動しなければならない．」

これに多くの人が署名したという．実は，ジハイドロジェンモノオキサイドというのは，「ジ」が数字の2,「ハイドロジェン」が水素,「モノ」が数字の1,「オキサイド」が酸化物の意味であるので，一酸化二水素のことである．これを化学式で表せば H_2O. つまり，水である．

確かに毎年多くの水死者がいるし，氷で凍傷を起こす人もいる．現在の地球の平均気温が約 15 °C になっているのは，大気中に含まれる水蒸気や二酸化炭素などの温室効果ガスのおかげである．もし大気中に温室効果ガスがなければ，地球上は約 −18 °C という寒い世界になってしまうと計算されている．温室効果ガスで最も大きな影響を与えているのが水蒸気である．

この署名活動を行った人のねらいは，「世の人は，こんな程度だ．もっときちんとした科学教育をしなければならない」と警鐘のためだったのである．

化学物質には一見難しそうな，恐ろしげな名前がついていることがあるが，そのイメージではなく実体をよく見なければならない．

化学のいろいろな部門

化学は，研究を進める方法，あるいは対象とする物質などの違いによって，さらにいろいろな部門に分かれている．

大まかに見てみよう．対象とする物質の違いでは，まず無機物を取り扱う無機化学と，有機化合物を取り扱う有機化学とに大きく分けている．有機化合物のなかには，今日，さまざまな素材としてたいへん重要なプラスチックなどの高分子化合物がある．それを対象にしているのが高分子化学である．生体をつくっている物質についての化学は，生物学との境界領域ともいうべきもので，生物化学あるいは生化学という．物理的な手法あるいは理論などによって，物質の性質，反応，構造などについて研究を進める分野が物理化学である．無機物，有機化合物を問わず，それらの物質を分析する手段，方法などに関する分野が分析化学である．

化学は，質量と体積をもつすべての物質について，その構造，性質，化学反応を研究する学問である．

■例題■ ナイフは物体か物質か．

解答 物体

【解説】ナイフは，材料が何であっても形や大きさなど外形に注目した名称である．材料が鉄でできていれば，その物質名は鉄である．

1.3 どんな物質も原子からできている

1.3.1 物質をつくる原子

筆者が向かっているパソコン．このパソコンをつくっている金属やプラスチック，液晶…は，すべて原子からできている．生物の体，つまり私たちの体も原子からできている．あらゆる物質が原子からできている．

19世紀まで原子は，次のような性質をもっていると考えられていた．

- 原子は非常に小さい．
- 原子は非常に軽い．
- 原子はそれ以上分けることができない[*1]．
- 同じ種類の原子は，すべて同じ大きさで同じ質量である．種類が違うと大きさや質量が違う．つまり原子は，種類によって質量や大きさが決まっている．
- 原子は，ほかの種類の原子に変わったり，なくなったり，新しくできたりすることはない（図 1.3）．

*1 放射性原子を除く．

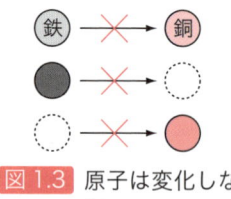

図 1.3 原子は変化しない

物質は，

- これらの原子がたくさん集まってできているもの．

column 高校化学との関係

高校化学は，基礎的な化学（物質の構造と状態，化学結合，中和反応や酸化還元反応など），無機化学の基礎，有機化学の基礎，物理化学の基礎（反応の速さと平衡）と高分子化学の基礎（高分子化合物）を内容にしている．

高校化学では，広大な化学の世界からすれば，ほんの入り口を覗いたにすぎないが，高校化学を全部学習すれば，基礎的な事柄は網羅されていることになる．だから大学化学の学習のときに，高校化学を振り返りながらというのは有効である．

- 原子が結びついて分子という粒子をつくり，その分子が集まってできているもの．
- 電気をもった原子(や原子の集まり)〔イオンと呼ばれる〕が集まってできているもの．

の三つに大きく分けられる．

1.3.2 原子の内部構造

20世紀に入ると，原子がさらに小さな粒子から構成されていることが明らかにされた．それによると，原子は中心にある原子核と，その周囲に存在する電子からできている．原子核は原子の質量の大部分（99.9%以上）を占め，正の電荷をもつ陽子と，電荷をもたない中性子の集団である(図1.4)．

陽子と中性子はほぼ等しい質量である．電子の質量は，陽子の質量の約1840分の1である．電子のもつ電荷は，陽子のもつ電荷と絶対値は等しいが，符号が反対である．原子は全体として電荷をもっていない．原子核にある陽子の数とそのまわりにある電子の数が等しいからである．

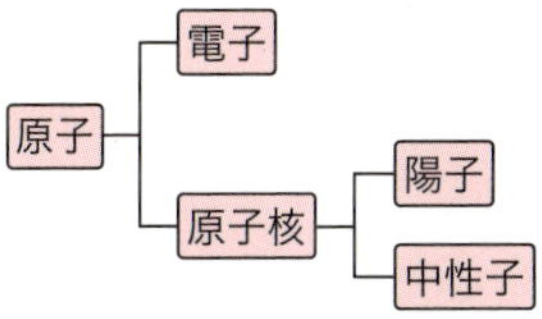

図1.4 原子の構造

1.3.3 元素と原子

現在では，どんな物質も原子からできていることがわかっているが，物質をつくる原子の実体が明らかにされる以前は，物質は少数の要素によって構成されていると考えられていた．

純粋な物質で，どんな方法によっても2種以上の物質に分けることができず，またどんな二つ以上の物質の化合によってもつくることができないとき，その純粋な物質をつくっているもとになるものが元素である．つまり元素は，物質をつくっている根本成分となるものである．

どんな方法も使っても，それ以上二つの物質に分けることができない「物質をつくっている根本成分」という考えは危機にさらされたことがある．

たとえば，水を分解すると水素(H_2)と酸素(O_2)を取りだすことができる．水の状態では，物質としての水素や酸素の性質を示さないが，水のなかには物質としての水素と酸素の「もと」，つまり根本成分が入っている．その「もと」である水素と酸素が元素である．水は，水素元素と酸素元素からできている．

ところがその後，ある原子が放射線をだしながら別の原子になる現象が発見され，さらに同位体（同じ元素をつくる原子で質量が違うもの）の存在がはっきりしてきた．たとえば水のなかの水素には，質量数（p.16を参照）が1と2の水素原子が，酸素には質量数が16, 17, 18の酸素原子が混じっている．特別な方法を使えば，これらの質量の違う原子を分けることができる．化学的に単一だと考えられてきた元素のなかにも，質量の違った原子が

あることが明らかになってきた．同位体は，陽子の数が同じでも中性子の数が異なるものがあるので質量が異なるのだが，化学的な性質はほぼ同じなので，これらをまとめて元素と呼ぶようになった．

原子の質量が違っても，原子核がもっている＋電荷が同じ原子（陽子数が同じ原子）は同じ元素である[*2]．元素の数は約100種類である．

> *2 宇宙で最も多い元素は水素であり，次にヘリウムである．この二つで宇宙の全質量の99％以上を占めている．地球は，中心から核，マントル，地殻という層をなしているが，地殻の元素は多い順に酸素が約46％，ケイ素が約28％，アルミニウムが約8％である．

1.3.4 単体と化合物

水が分解してできた水素や酸素は，それ以上別の物質に分解することはできない．このように物質を分解していくと，ついにはそれ以上分解することができない物質にいきつく．それ以上ほかの物質に分解することができない物質を単体という．原子1種類からできている物質が単体である．単体を化学的に分解しようにも分解できないのは，原子が化学的に分解できないからである．

原子の種類（元素）が約100種類なので，単体は，全部で最低でも約100種類ある．同じ原子だけからできている単体が，原子の結びつき方が違うことで別の物質になっている場合がある．たとえば炭素原子からできている物質，つまり炭素の単体には，無定形炭素（ふつうの木炭など），黒鉛，ダイヤモンド，フラーレン，ナノチューブがある．これらは互いに同素体であるという．酸素原子からできている単体では，酸素 O_2 とオゾン O_3 が同素体の関係にある．

もうそれ以上ほかの物質に分解できない物質，つまり単体は1種類の原子からできている物質なのに対し，2種類以上の原子からできている物質を化合物という．化合物は2種類以上の物質に分解することができる．

■例題■「骨はカルシウムからできている」のカルシウムは，「単体」，「元素」のどちらか．

解答 元素

【解説】 骨は主成分がリン酸カルシウムで，単体のカルシウムではない．単体のカルシウムは銀色をした金属で，水に入れると，水と反応して水素を発生しながら水酸化カルシウム水溶液ができる．胃のレントゲン検査で飲む「バリウム」も正確には硫酸バリウムである．

1.3.5 純粋な物質と混合物

日常私たちが接する物質の多くは，何種類かの物質が混じっている．たとえば，空気は窒素，酸素，アルゴンなどが混合したものである．また，食塩

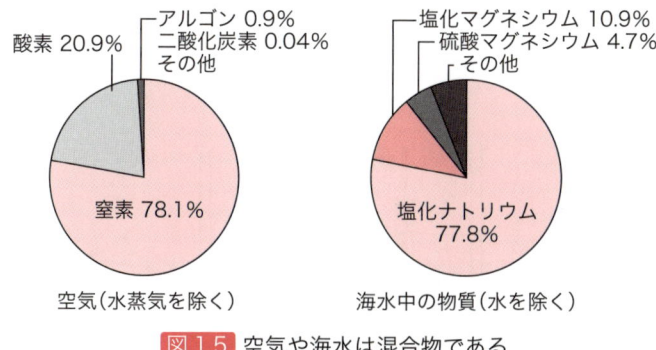

図1.5 空気や海水は混合物である

水は水と食塩が混合したものである(図1.5).

窒素,酸素,水などのように単一の物質からなるものを純粋な物質(純物質)といい,空気や海水のように2種以上の純物質が混じり合ったものを混合物という(図1.6).

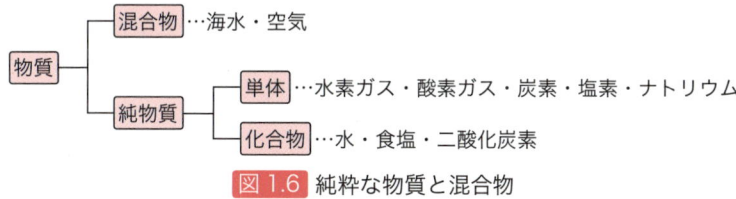

図1.6 純粋な物質と混合物

化学では,混合物はその組成が変わると性質も変わってしまうため,純粋な物質を対象に研究することが多い.そのため混合物から純粋な物質を分離して,純粋な物質を得る操作をすることが必要になる.混合物から純粋な物質を分離・精製する操作には,ろ過,蒸留,抽出,再結晶,クロマトグラフィー[*3]など(図1.7)がある.

純物質をおもな研究対象とする化学では,分離(分けること)と精製(不純物を減らして,きれいにすること)は大切な仕事である.

1.3.6 有機物と無機物

有機物(必ず化合物なので有機化合物ともいう)と無機物は,「機」があるかないかの違いがある言葉である.実は,「有機物」の「有機」とは,「生きている,生活をするはたらきがある」という意味である.

砂糖,デンプン,タンパク質,酢酸(酢の成分),アルコールなど,たくさんの物質が有機物の仲間である.それらの有機物(有機化合物)は,もともと生物のはたらきでつくりだされた物質のことである.「生物＝有機体がつくる物質」なので有機物と名づけたのである.

*3 クロマトグラフィーの創始者はロシアの植物学者ツウェットで,1906年に,緑の葉に含まれる色素を,粉末炭酸カルシウムを詰めたガラス管に石油エーテル溶液を流して分離したのが最初の実験とされている.クロマトグラフィーの語源は,ギリシア語の色を意味するchromaと,描くを意味するgraphosとにあるが,これは,ツウェットがやった実験で,植物色素を分離した際に色素別に色が分かれて帯ができたことに由来する.
クロマトグラフィーは,固定相または担体と呼ばれる物質の表面あるいは内部を,移動相と呼ばれる物質が通過する過程で物質が分離されていく.移動相が気体の場合をガスクロマトグラフィー,液体の場合を液体クロマトグラフィーと呼ぶ.分離は,物質の大きさ,吸着力,電荷,質量,疎水性などの違いで起こる.

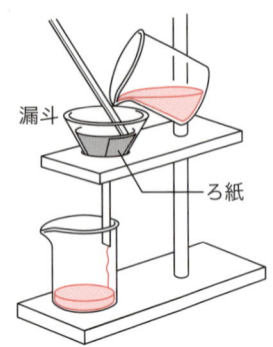

◀ ろ 過

固体と液体との分離には，ろ過がよく用いられる．ろうとに4つ折りにしたろ紙を水でぬらして密着させたところへ固体と液体の混合物を流し込むと，固体はろ紙上に残り，液体はこされて下の受け器に集まる．
二つの固体どうしの混合物で，一方が水に溶け，もう一方が水に不溶ならば，混合物を水に入れてよく混ぜると固体と液体になり，ろ過ができる．

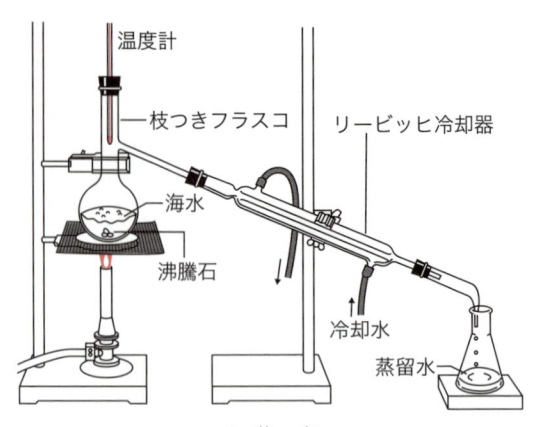

▲ 蒸 留

沸点の異なる液体（食塩水のように溶液の場合も）の混合物を加熱してできた蒸気を冷却器（コンデンサー）で冷却液化して，沸点が低いほうの目的物を分離する．
また，数種の液体の混合物を蒸留すると，沸点の低いものから順次流出する．この操作を分別蒸留または分留という．

◀ 抽 出

液体または固体の混合物を溶剤と接触させ，混合物中に含まれている溶剤に溶ける成分を，残りの不溶または難溶性の成分から溶かしだして分離する．お茶やコーヒーをいれるというのは，抽出をしていることになる（ここでは抽出後にろ過が行われている）．

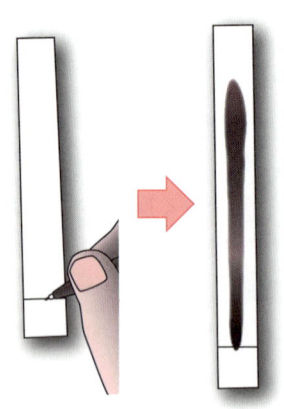

▲ クロマトグラフィー

ろ紙の上に黒インクを1滴落とすと，黒いしみができ，やがてその外側に赤や黄色のふちどりができる．実は黒インクは何色かの色素の混合物である．それが紙にしみこんでいくときにインクに含まれる色素によってろ紙に広がっていく速さが違うために起こる現象である．この原理を利用して，ろ紙を固定相として，これに適当な溶媒（移動相）を浸透させたときに物質を分離する操作をペーパークロマトグラフィーという．

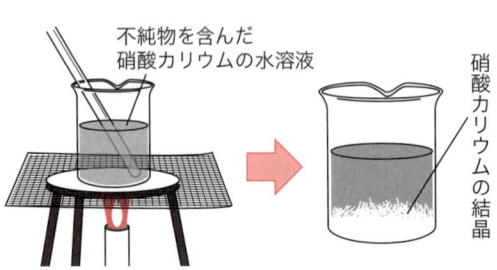

▲ 再結晶

不純物を含んだ物質を加熱しながら溶媒に溶かし，その溶液を濃縮してから（水を蒸発させてから）冷やして結晶を析出させると，不純物は溶液中に残り，より純粋な物質が得られる．

図1.7 分離と精製は化学の大切な仕事

それに対し無機物は，水や岩石や金属のように，生物のはたらきを借りないでつくりだされた物質である．

　長い間，有機物は生物の生命のはたらきだけでつくりだされるもので，人の手では（人工的には）つくることができないと考えられてきた．この考えは，19世紀はじめまで化学者の世界を支配していた．当時，有機物は特別な物質だったのである．

　ついに1828年，ドイツの化学者ウェーラーは，有機物の尿素が無機物から人工的につくられることを見いだした．有機物が生命力に関係のない無機物からつくられたというのは，当時の化学者にとってはショックだった．

　その後，有機物の構造などが次第に明らかにされ，現在では，実験室や工場でたくさんの有機物がつくられるようになっている．それらは，昔，人の手ではつくることができないと思われていたものだった．今では，有機物と無機物を「生物の生命のはたらき」などで区別はできなくなったが，それでも，有機物は無機物と比べていろいろな特徴があるので，今でも有機物という言葉が用いられている．現在，2000万種類以上の物質があると考えられているが，その9割以上が有機物の仲間である．このなかには，天然にない有機物もたくさんある．

　現在の有機物は，「炭素原子を骨組みにして，そのほかに水素原子や酸素原子などを含む物質」ということである．有機物をむし焼きにすると，炭ができる．また，有機物を燃やすと二酸化炭素ができる．これらのことは，有機物に炭素原子が含まれていることを示している．

　無機物というと，有機物以外の物質ということになる．二酸化炭素や炭酸カルシウムなどは炭素を含んだ化合物であるが，無機物に分類される[*4]．

*4　炭素を含む化合物で無機物のものには，COやCO_2，KCNなどのシアン化物，$CaCO_3$などの炭酸塩がある．

1.3.7　物質の状態

　物質の状態を大きく固体状態，液体状態，気体状態の三つに分けることができる．水の場合は，固体状態では氷，液体状態では水，気体状態では水蒸気である．水だけでなく，ほとんどすべての物質が三つの状態をもっている．

　分子からできている物質を考えてみよう（原子からできているもの，イオンからできているものでも基本的に同じである）．

　分子は，互いに引き合う．一方，分子はさかんに運動している．これを分子運動という．この分子運動は，温度が高いほど活発である．

　固体状態では，分子どうしの引き合う力が強く（分子運動は弱く），規則的に並んでいる．

　液体状態では，固体のときよりも分子運動が強くなり，配列が乱れてくる．分子はきちんと同じ場所にいないで，あちこち動けるようになるので，液体は容器によって形が違ったりする．それでも，まだ分子どうしは引き合って

いる．固体よりも分子が動く範囲が大きくなるので，液体のほうが体積が大きくなる*5．

気体状態では，分子どうしが引き合う力がなくなり，分子1個1個が自由に運動している．

*5 固体（氷）のほうが体積の大きい水は例外的な物質である．

1.4 物理変化と化学変化

1.4.1 物理変化

物質が場所を移動したとしたら，このとき物質そのものは変化していないので物理変化になる．

水が氷や水蒸気になるような変化は，物質が固体，液体，気体の三つの状態の間で変化することなので，状態変化という（図1.8）．水も氷も水蒸気も水分子 H_2O からなり，水分子の集合状態が違っているだけで，物質そのものは変わっていない．このような状態変化も，物質そのものが変わらない変化なので物理変化である．

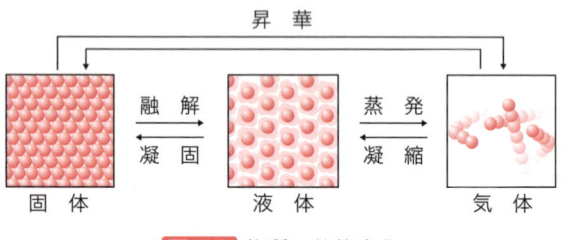

図1.8 物質の状態変化

純粋な固体物質を熱すると，はじめは固体の温度が上がっていくが，融点に達すると固体はとけて液体になりはじめる．このとき，温度は一定のままである．全部液体になると，また温度が上がっていく．これは，加えられた熱がはじめ温度を上げるのに用いられ，融点に達すると，固体の分子の結びつき方から液体の分子の結びつき方に変えるのにすべて用いられ，温度を上げるのに用いられないからである．

さらに熱すると，液体の温度が上がり，ついには沸点で液体の内部からも蒸発（液体中で泡立つ），つまり沸騰がはじまる．このとき温度は一定のままである．加えられた熱が液体の分子の結びつきを断ち切って，1個1個ばらばらにするために使われるからである．

1.4.2 化学変化

ポリ袋に入れた水素と酸素に点火すると，大きな爆発音とともに水ができる．この場合は，はじめあった物質がなくなって，新しい別の物質ができて

いる.

① 物質の種類が変わってしまう.
② 加熱してももとの気体にはもどらない.

という点で，状態変化とは違う変化が起こっている.

このように，もとの物質とはちがう物質ができる変化を，化学変化という. 化学ではよく「反応する」といういい方をするが，これは，「化学変化が起こる」ということと同じである.

1.4.3 質量保存の法則

物理変化でも化学変化でも，閉鎖系（物質の出入りがない系）の場合，変化の前後で，はじめの物質に含まれる原子は，あとの物質にも同じだけ含まれている. 固体から液体への状態変化が起こっても，原子の集まり方が違うだけである.

密閉した容器のなかであれば，化学変化の前後で物質全体の質量は変化しない. 化学変化のような，もとの物質とは違う物質ができる変化でも，物質の出入りがない系なら，物質全体の質量は保存される. これを質量保存の法則[*6]という.

化学変化で質量保存の法則が成り立つのは，化学変化の前後では物質をつくる原子の組合せは変わるが，反応に関係する物質の原子の種類と数には変わりがないためである.

質量保存の法則から，化学変化したある物質に注目すると，反応後，「質量が増えていたらそのぶん何か物質が結びついた」といえるし，「質量が減っていたらそのぶん何か物質が逃げた」といえる.

質量保存の法則は，1774 年，フランスのラボアジェが燃焼の研究からこの考えに到達し，十数種の反応において実験の精度の範囲で確かめたという.

化学変化の前後で，はじめにあった物質がなくなり，新しい物質ができるという物質の消滅・生成が起こっている. このとき原子レベルでは，原子や原子団の組合せが変わっているが，原子自体は変化せず，増えたり減ったりしない. 原子レベルでは，反応の前後で原子の種類も数も変化していないので，反応の前後の質量も変わらないのである.

たとえば「水素と酸素から水ができる」では，はじめの「水素と酸素」の質量とできた「水」の質量は同じになる.

$$2\,H_2 + O_2 \longrightarrow 2\,H_2O$$
$$4\,g \quad\quad 32\,g \quad\quad\quad 36\,g$$

そのとき，はじめの水素のなかの水素原子と酸素のなかの酸素原子は，で

[*6] A・アインシュタインは，相対性理論のなかで，エネルギーと質量とが $E = mc^2$（E はエネルギー，m は質量，c は光速度）の関係にあることを明らかにした. 化学変化ではエネルギーの出入りが必ずあるので，質量保存の法則は，エネルギーの出入りも考えなければならないことになる. しかし，化学変化においては，エネルギーの出入りの大きさは全質量に対して無視できるほど小さいので，この法則が成立すると考えてよい.

きた水のなかの水素原子と酸素原子の数と同じである．

化学反応式をつくるとき，たとえば「H$_2$ + O$_2$ → H$_2$O」ではなく，H$_2$とH$_2$Oに係数をつけて，「2 H$_2$ + O$_2$ → 2 H$_2$O」とするのは，反応の前後で各原子の種類と数を同じにするためである．

章末問題

1．次の物質について，(1), (2)に答えよ．
 (ア)ダイヤモンド (イ)食塩水 (ウ)水 (エ)鉄 (オ)空気
 (カ)硫酸ナトリウム (キ)エタノール (ク)窒素
(1)純物質と混合物とに分けよ．
(2)純物質についてはさらに単体と化合物に分けよ．

2．砂の混じった食塩から食塩だけ取りだすにはどうすればよいか．

3．次の変化のうち，化学変化に属すると思われるものを選べ．
 (ア)ガスコンロでガスが燃える．
 (イ)氷が融けて水になる．
 (ウ)鉄が錆びて赤褐色になる．
 (エ)霧が晴れる．
 (オ)ドライアイスの小片を水に入れたら白色の煙が出た．
 (カ)お風呂に発泡入浴剤を入れたら発泡入浴剤は泡を出しながら溶けた．
 (キ)牛乳を発酵させてヨーグルトをつくった．

4．次の各問いに答えよ．
(1) 同じ材質，同じ質量，同じ大きさのボンベが二つある．それぞれ，内部を真空にしたもの，内部に水素ガスを入れたものにした．空気中ではかった場合，どちらの質量が大きいか．
 (ア)真空のほう (イ)水素ガスのほう (ウ)同じ
(2) 体重計に乗って 60.0 kg だった人が，1.0 kg のジュースを飲んだ直後に体重計に乗ると目盛りは何 kg を指すか．
 (ア) 61.0 kg (イ) 60.8 kg (ウ) 60.5 kg (エ) 60.0 kg

第2講 原子の構造と電子配置

すべての物質は原子からできている．本講ではまず，原子を構成する粒子である電子，陽子，中性子が発見され，原子の構造が明らかになっていった歴史をたどりながら，原子の質量や大きさ，電荷などの基本的な性質を学ぶ．原子の化学的な性質は，電子のエネルギーがとびとびであることによって決まっている．このことを最初に示したボーア・モデルから始めて，電子殻や電子軌道など，原子のなかで電子がどのように存在しているのかを学ぶ．

2.1 原子の構造

2.1.1 原子は元素の最小単位

1803年にドルトンは，すべての物質は分割できない小さな粒子「原子」からできているという原子仮説[*1]を発表した．ドルトンは，化合物中の元素の質量比から原子の存在を推論し，いろいろな元素の原子の質量の相対値をはじめて決めた．ここでは19世紀末から20世紀にかけて，原子を構成する粒子が発見され，原子の存在が確定的になった足どりをたどろう．

2.1.2 原子のなかには軽くて負電荷をもつ電子がある——電子の発見

1897年にトムソンは，真空放電で生じる陰極線[*2]が，電場や磁場をかけると曲がる[*3]ことから，これが負の電荷[*4]をもつ粒子，すなわち電子の流れであることを発見した（図2.1）．トムソンは陰極線の曲がり方から電子の質量/電荷比を決め，電子の質量が，最も軽い原子である水素原子よりずっと軽い（現在の値で1840分の1）ことを示した．原子よりも軽い粒子である電子は，すべての元素の原子に共通に含まれる基本的な粒子であると認められていった．

[*1] 原子説は，紀元前5世紀にはギリシャの哲学者デモクリトスが唱えたが，想像の産物で目に見えない原子の存在は受け入れられなかった．

[*2] 真空放電は，低圧の気体に高電圧をかけると陽極と陰極の間に電気が通じる現象．陰極線は，陰極から陽極に向かう高速電子がガラス管内の原子や分子に衝突し，エネルギーをもらった原子や分子が電子の通り道にそって光った線．

[*3] テレビのブラウン管は陰極線が電場や磁場で曲がることを利用している．

[*4] 物質がもつ電気量の大きさのことを電荷という．

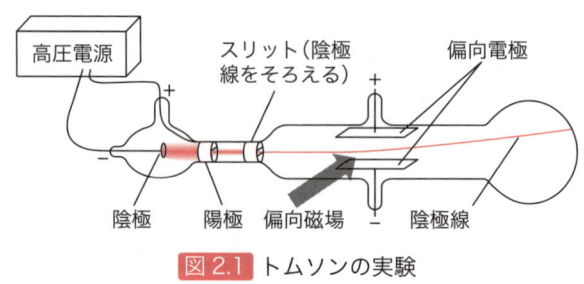

図 2.1 トムソンの実験

2.1.3 電子の電荷の測定と電子の質量，原子の質量と大きさ

1911 年にミリカンは，巧妙な測定[*5]で電子 1 個の電荷を決定した．その絶対値は現在の値で 1.60×10^{-19} C（クーロン[*6]）である．すべての物質の電荷はこの値の整数倍になるので，これを電気素量と呼び e と書く．

電子の電荷が決まったことで，原子の質量や大きさがわかるようになった．電子の質量/電荷比から電子の質量は 9.11×10^{-31} kg，電気分解で発生する水素の質量/電荷比から，水素原子の質量は 1.67×10^{-27} kg となる．原子がすき間なく詰まっている金属では，金属全体の密度と原子 1 個の質量/体積比を等しいとして，原子の大きさは 10^{-10} m（$= 1$ Å）[*7]程度と推定された．つまり原子は，びっしり詰めると 1 cm に 1 億個近く並ぶぐらい小さい．

[*5] ミリカンは，電圧をかけた極板の間で，帯電した微小な油滴（直径 3×10^{-3} mm 程度）が上昇・下降する速度を測定した．極板間に漂う電子が運動中の油滴に付着または脱離して，油滴の電荷は変化する．油滴の電荷の変化を油滴の速度変化から求め，電子 1 個の電荷の大きさを決めた．

[*6] C（クーロン）は電荷の単位で，1 C は 1 A の電流が 1 秒間に運ぶ電気量．

[*7] Å（オングストローム）は長さの単位で 1 Å $= 10^{-10}$ m．

■ **例題** ■ 金原子/水素原子の質量比は 197 である．
水素原子 1 個の質量が 1.67×10^{-27} kg，金の密度が 1.93×10^4 kg/m³ であることから，金の原子 1 個あたりの体積を求め，その体積に等しい立方体の 1 辺の長さ（体積の立方根）から金の原子 1 個の大きさを概算せよ．

解答 金原子 1 個の質量は $197 \times 1.67 \times 10^{-27}$ kg $= 3.29 \times 10^{-25}$ kg．金の密度から金原子 1 個あたりの体積は $(3.29 \times 10^{-25}$ kg$)/(1.93 \times 10^4$ kg/m³$) = 1.70 \times 10^{-29}$ m³．この立方根をとると，金原子 1 個の大きさは $(1.70 \times 10^{-29}$ m³$)^{1/3} = (17 \times 10^{-30}$ m³$)^{1/3} = 17^{1/3} \times 10^{-10}$ m より，$2 \sim 3 \times 10^{-10}$ m であると概算できる．なお厳密な立方根は $(1.70 \times 10^{-29}$ m³$)^{1/3} = 2.6 \times 10^{-10}$ m である．

2.1.4 原子のなかはすきまだらけ——原子核(陽子)の発見

原子は電気的に中性なので，電子の負電荷と同じ大きさの正電荷が原子には存在することになる．トムソンは正電荷が原子全体に薄く広がったなかに電子が埋もれたプラム・プディング・モデル[*8]を提唱した．一方，長岡半太郎やラザフォードは，正電荷は原子の中心に原子核として集中し，惑星が

[*8] プラム・プディングは干しブドウ入りのイギリスの伝統的なケーキ菓子．

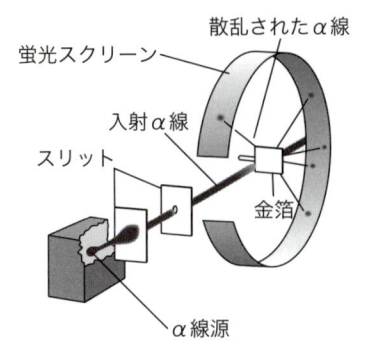
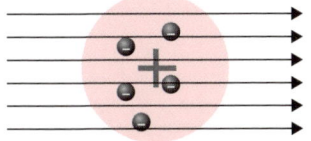

図2.2 ラザフォードの実験

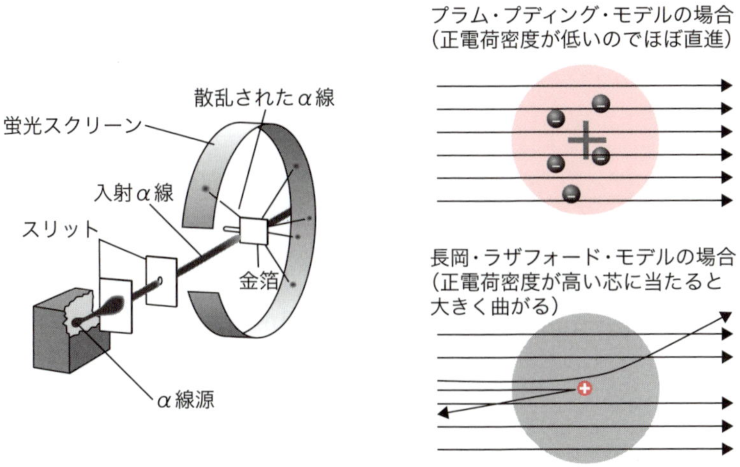

太陽との万有引力で円運動するように，電子が原子核との電気的な引力（クーロン力[*9]）で円運動するモデルを提唱した．

　1909年にラザフォードらは，正電荷をもつ粒子であるアルファ線[*10]を薄い金箔に打ち込む実験を行った．ほとんどのアルファ線は直進したが，進路が大きく曲がるものもあり，20,000個に1個程度の割合で後方へ跳ね返された（図2.2）．正電荷の密度が小さいプラム・プディング・モデルでは，アルファ線は大きく曲がらない．薄い金箔でアルファ線が後方へ跳ね返るのは，正電荷が集中した重い原子核に正面衝突するためである．後方散乱の確率から，金の原子核は直径わずか10^{-14} m程度と見積もられた．

　この実験により原子核の直径は，10^{-10} m程度と見積もられていた原子の直径の1万分の1ほどしかないことがわかった．つまり原子の大きさとは，原子全体の0.1%以下の質量しかない軽い電子が運動する領域の広さのことであり，原子の体積とは電子が占める空間の体積なのである．原子核の直径を1 cmに広げたとすると，電子の運動領域は直径100 mにもなる．そして原子のなかはすきまだらけで，原子と電子の間には何もない真空の領域が広がっている．その後，水素の原子核は陽子と名づけられた．

2.1.5　原子核のなかには陽子と中性子がある——中性子の発見

　元素ごとに正電荷の大きさ，すなわち陽子の個数は決まっていて，陽子1個と電子1個は電荷の絶対値が同じ[*11]なので，原子のなかの陽子と電子の個数は同じになる．原子核には，陽子と質量がほぼ同じで電気的に中性な粒子，中性子も存在する[*12]．安定な原子核では中性子は陽子とほぼ同数で，陽子が多い元素ほど中性子は陽子より多い．原子の構造について，図2.3と表2.1にまとめた．なお，電子は大きさのない点粒子である．

[*9]　クーロン力＝比例定数×$\dfrac{粒子1の電荷×粒子2の電荷}{(粒子1と粒子2の距離)^2}$
（粒子1と粒子2の電荷の符号が同じならクーロン力は正で反発力，異なるならクーロン力は負で引力）

[*10]　アルファ線は，陽子2個と中性子2個のヘリウムの原子核である．ラザフォードらは放射性物質のラジウムRaが放出するアルファ線を使った．

[*11]　1913年にモーズリーが，元素ごとに固有のX線の波長に2.2節のボーア・モデルの考えを応用したところ，原子核の正電荷が電子の電荷の整数倍になっていることを見いだした．

[*12]　1932年にチャドウィックが，ベリリウムBeに高速のアルファ線を当てると，陽子と質量がほぼ同じで電荷のない粒子が飛びだすことから，中性子を発見した．
陽子と中性子は，核力と呼ばれる強い引力で結びつくため，同じ電荷の陽子が小さな原子核のなかにひしめき合うことができる．核力の起源を中間子理論で説明した湯川秀樹は，日本人初のノーベル賞受賞者となった．

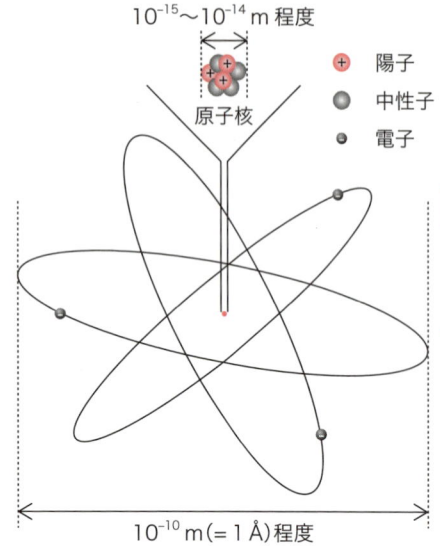

表 2.1 原子を構成する粒子の質量と電荷

			質量 / kg	質量比	相対電荷*
原 子	原子核	陽 子	1.673×10^{-27}	1836	+1
		中性子	1.675×10^{-27}	1839	0
	電 子		9.109×10^{-31}	1	−1

＊陽子と電子の電荷の絶対値は電気素量 $e = 1.602 \times 10^{-19}$ C である．

図 2.3 原子の構造

2.1.6 陽子の個数が原子の性質を決める——原子番号

元素の性質は原子の電子の個数で決まるが，原子は電子を得たり，失ったりすることもある．このような状態はイオンと呼ばれ，電気的に中性ではなくなる．イオンは電気素量 e を単位とした全体の電荷を元素記号の右上に書く．たとえば，水素イオン H^+ は水素原子が電子を 1 個失った陽イオンで，酸化物イオン O^{2-} は酸素原子が電子を 2 個得た陰イオンである．

ある元素が，中性の原子の状態やイオンの状態のときに何個の電子をもつかを決める本質的な量は，原子核の正電荷の大きさ，すなわち陽子の個数である．そこで元素の背番号にあたる原子番号は，陽子の個数で表す．

2.1.7 原子の質量は陽子と中性子の個数の和で決まる——質量数

原子の質量は，陽子と中性子と電子の質量の合計になる[*13]．しかし，表 2.1 の各粒子の質量のような絶対値を扱うのは不便である．都合のよいことに，陽子と中性子の質量が 0.1% 程度しか違わず，電子の質量も陽子や中性子の 0.1% 以下なので，陽子と中性子の個数の合計だけで原子の質量を考えても，その相対値は比較的よい精度で表せる．実際，各元素の原子の質量は水素原子の質量のほぼ整数倍である．そこで陽子の個数 Z と中性子の個数 N の和を質量数 A として，これを原子の質量の目安に使う．すなわち

$$\text{質量数 } A = \text{原子番号 } Z + \text{中性子の個数 } N \tag{2.1}$$

質量数の違いを区別して原子を表すには，元素記号 X の左上に質量数 A，左下に原子番号 Z を記し，$^A_Z X$ と書く（図 2.4）．ただし元素の種類 X がわかっていれば原子番号 Z は一つに決まるので，単に $^A X$ と書くことも多い．

*13 厳密には原子核の質量は，ばらばらの陽子と中性子の質量の和よりわずかに小さい．陽子と中性子は，原子核内で結合して安定になっており，その結合エネルギー E の分だけ質量の和は軽くなる．この質量差 Δm とエネルギーの関係は，アインシュタインの特殊相対性理論により，光速を c として $E = \Delta m c^2$ である．このエネルギーは，原子爆弾や原子力発電で使われる核分裂や，太陽のエネルギー源である核融合で放出されるエネルギーである．

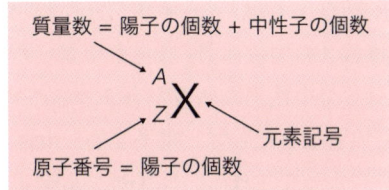

図 2.4 質量数と原子番号による原子の記法

■例題■ 次の原子やイオンの陽子と中性子と電子の個数を答えよ．
① $^{12}_{6}C$，② $^{235}_{92}U$，③ $^{23}_{11}Na^+$，④ $^{16}_{8}O^{2-}$

解答 陽子，中性子，電子の個数の順に ① 6, 6, 6, ② 92, 143, 92, ③ 11, 12, 10, ④ 8, 8, 10

2.1.8 原子の相対質量は ^{12}C を基準にする

原子 1 個の厳密な質量も，質量数に近い相対的な値で表すと便利である．現在では質量数 12 の炭素 ^{12}C 原子 1 個の質量をちょうど 12 と定義し，これを基準にして原子の相対質量を表す[*14]．

$$原子の相対質量 = \frac{原子1個の質量}{{}^{12}C 原子1個の質量} \times 12 \tag{2.2}$$

^{12}C 原子 1 個の質量は 1.99×10^{-26} kg であるから，たとえば原子 1 個の質量が 2.66×10^{-26} kg である ^{16}O の相対質量は，$(2.66 \times 10^{-26}$ kg $/ 1.99 \times 10^{-26}$ kg$) \times 12 = 16.0$ である．

[*14] 相対質量は g や kg といった質量の絶対的な値を表す単位をもたない．原子の相対質量の数値に g をつけた質量になる原子の個数が，アボガドロ定数 $N_A = 6.022 \times 10^{23}$ mol^{-1} である．アボガドロ定数個の粒子の集団の物質の量（物質量）を 1 mol と呼ぶ（第 5 講参照）．

2.1.9 陽子の個数が同じで中性子の個数が違う同位体

陽子の個数によって元素の種類が決まるのに対して，中性子は原子核の電気的な性質を変えず，原子核に何個あっても元素の化学的な性質に影響を与えない．そのため陽子の個数が同じで，中性子の個数が違う原子が，同じ元素の兄弟のような仲間として存在する．これを同位体と呼ぶ．

水素では表 2.2 に示したように，中性子のない $^{1}_{1}H$ が最も多く，水素全体の 99.985% を占める．残り 0.015% は，中性子が 1 個で質量数 2 の同位体

表 2.2 水素の同位体

名称	存在度	陽子	中性子	質量数	相対質量	記号
軽水素(H)	99.985%	1 個	0 個	1	1.008	$^{1}_{1}H$
重水素(D)	0.015%	1 個	1 個	2	2.014	$^{2}_{1}H$
三重水素(T)	半減期 12.3 年	1 個	2 個	3	3.016	$^{3}_{1}H$

$^2_1$H である．$^2_1$H を重水素（D とも書く）と呼び，$^1_1$H を軽水素と呼ぶこともある．

中性子が2個で質量数3の同位体 $^3_1$H は三重水素（T とも書く）と呼ばれるが，陽子の個数に対して中性子の個数が多すぎるため原子核が不安定で，12.3年の半減期[*15]で放射線をだして，陽子2個，中性子1個の $^3_2$He に変化する．$^3_1$H は宇宙線[*16]によって生成し，原子炉でも発生するが，水素全体の 10^{-18} 程度のごく微量なので，存在度は無視してよい．

2.1.10　放射線を出す放射性同位体

陽子と中性子の個数はどんな組合せも可能だが，個数のバランスがちょうどよくないと，$^3_1$H と同様，原子核は不安定である．$^3_1$H のように放射線をだして原子核の種類が変わることを放射性壊変といい，放射性壊変を起こす同位体を放射性同位体と呼ぶ．放射性物質とは，放射性同位体の原子を含んでいる物質である．放射性同位体に限れば，元素は不変ではなく，ひとりでに別の元素に変わる．

$^1_1$H や $^2_1$H のように放射性壊変を起こさない同位体は安定同位体と呼ばれ，290種近くある．安定同位体が最も多い元素はスズ Sn で10種類，次にキセノン Xe が9種類あるが，フッ素 F やナトリウム Na などは1種類しかない[*17]．

2.1.11　自然界の元素の相対質量——原子量

同一元素の原子を自然界で集めると，特別な方法で同位体を選別しない限り，同位体の混合物になる．原子量は自然界の元素の相対質量で，同位体の相対質量に存在度の重みをかけた平均（加重平均）になる．

たとえば水素の原子量は，$^1_1$H と $^2_1$H の相対質量に存在度の重みをかけた和の $1.008 \times 0.99985 + 2.014 \times 0.00015 = 1.008$ となる．原子量は，水素のように1種類の同位体の存在度が非常に高い元素では整数に近い値になる．

> **■例題■** 塩素には ^{35}Cl と ^{37}Cl の二つの安定同位体がある．相対質量は ^{35}Cl が35.0，^{37}Cl が37.0であり，存在度は ^{35}Cl が75.8%，^{37}Cl が24.2%である．塩素の原子量を求めよ．
>
> **解答** $35.0 \times 0.758 + 37.0 \times 0.242 = 35.5$

2.2　ボーア・モデル

2.2.1　電子は原子核のまわりを回れない？

ラザフォードの実験で，原子の構造が明らかになったが，原子核のまわり

[*15]　物質が減少するとき，最初の量の半分に減るのにかかる時間．三重水素の例では，12.3年たつごとに1/2, 1/4, 1/8, …に減っていく．

[*16]　宇宙から降り注ぐ高エネルギーの粒子線で，主成分は高速の陽子である．$^3_1$H は，大気中の窒素や酸素に宇宙線が衝突して壊れた原子核の破片である．

[*17]　原子番号すなわち陽子の個数が奇数だと原子核の安定性が低く，安定同位体の種類が少ない．

の電子の運動には難問が残っていた．荷電粒子は円運動のように運動の向きや速さを変えると電磁波をだしてエネルギーを失うので，電子が円運動をするならば，減速して原子核に吸い込まれる運命にあるのだった[*18]．

*18 プラム・プディング・モデルが提唱されたのは，この問題のためである．

2.2.2 ボーアの仮説：電子は特定の半径でのみ原子核のまわりを回り続ける——定常状態

この困難に対して，1913年にボーアは次のような仮定をおき，電子が安定に円運動を続ける定常状態が存在するものとして，水素原子のエネルギーの問題を解いた．これをボーア・モデルという．

(1) 電子は原子核とのクーロン引力により，原子核のまわりを等速円運動する．
(2) 電子が等速円運動できるのは，軌道角運動量[*19]がある定数の整数倍になるとびとびの軌道だけである（量子化条件）．
(3) 電子が等速円運動する定常状態の間でのみ，そのエネルギー差に等しいエネルギーの光を放出または吸収して遷移する[*20]（振動数条件）．

*19 円運動する物体の質量×接線速度×回転半径で，円運動の勢いを表す．

*20 エネルギーの低い軌道から高い軌道への遷移で光を吸収し，エネルギーの高い軌道から低い軌道への遷移で光を放出する．

ボーアは定常状態のエネルギーを決めるために，当時謎であった水素原子の発光スペクトルとその規則性に注目した．太陽からの光をプリズムなどで分光すると，赤橙黄緑青藍紫の可視光線が虹のように連続する（図 2.5 a）．一方，放電でエネルギーを与えられた水素原子の発光には，わずか4本ほどの輝線しか可視光線が観測されず（図 2.5 b），その理由が不明であった．輝線の波長 λ の逆数が，整数の2乗の逆数の差になるという単純な規則性だけは，1885年にバルマーが発見していたが，これも意味は不明であった．

$$\frac{1}{\lambda} = R_\mathrm{H}\left(\frac{1}{m^2} - \frac{1}{n^2}\right) \quad (m と n は整数で m \geq 1, n > m) \quad (2.3)$$

リュードベリ定数 R_H（$= 109{,}678\,\mathrm{cm}^{-1}$）の意味も当時は不明だったが，可視

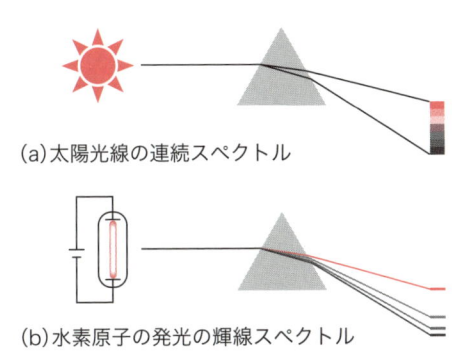

(a) 太陽光線の連続スペクトル

(b) 水素原子の発光の輝線スペクトル

図 2.5 (a) 太陽光線と (b) 水素原子の発光のスペクトル

領域の輝線のグループの波長は $n = 2, m = 3, 4, 5, 6, \cdots$ に対応していた[*21].

*21 可視領域の輝線のグループ（バルマー系列）の発見のあと，紫外領域には $n = 1$, $m = 2, 3, 4, \cdots$ となる輝線のグループ（ライマン系列），赤外領域には $n = 3$ で，$m = 4, 5, 6, \cdots$ となる輝線のグループ（パッシェン系列）も発見されていた．どれも式 (2.3) の関係を満たし，R_H の値は共通である．R_H の単位の cm^{-1} は 1 cm あたりの波の数を表す波数で，波の振動数に比例し，光子のエネルギーに比例する．

2.2.3 電子のエネルギーはとびとびの値をとる

ボーアが仮定した振動数条件は，アインシュタインが 1905 年に発表した光量子仮説に基づいている．これは光が波の性質だけでなく，光子と名づけた粒子の性質ももつとするもので，光子は振動数 ν に比例するエネルギー

$$E = h\nu = hc/\lambda \tag{2.4}$$

をもち，このエネルギーを物質とやり取りする．ここでプランク定数 $h = 6.626 \times 10^{-34}$ J s，光速 $c = 2.998 \times 10^8$ m/s で，波長 $\lambda = c/\nu$ である．

ボーア・モデルでは図 2.6 のように，電子の円運動が許されたとびとびの軌道に，量子数と呼ばれる番号 n を内側から順に $n = 1, 2, 3, \cdots$ とつける．振動数条件と，式 (2.3) と (2.4) の比較から，式 (2.3) の観測結果を再現するには，量子数 n の軌道のエネルギー E_n が n の 2 乗に反比例して

$$E_n = -\frac{E_H}{n^2} \tag{2.5}$$

となればよいことがわかる（図 2.7）．ここで定数 $E_H = hcR_H = 2.18 \times 10^{-18}$ J $= 13.6$ eV である．式 (2.3) の m と n は，電子が遷移する二つの軌道の量子数を意味していたことになる．式 (2.5) は，量子数 n の電子の軌道角運動量が $h/2\pi$ の n 倍に等しいと量子化条件を決めれば得られる[*22]．

式 (2.5) では定常状態のエネルギーは負になり，$n = \infty$ でエネルギーがゼロとなる．エネルギーが正の状態は，電子が原子核から取られたイオン化状

*22 電子の質量を m，接線方向の速度を v，回転運動の半径を r とすると，電子の軌道角運動量 $mvr = nh/2\pi$ となる．この関係は，2.4 節で述べる電子の波（波長 $\lambda = h/mv$）が，円軌道を周回する定在波となる条件になる．この量子化条件と，電子の円運動の遠心力 mv^2/r が原子核と電子のクーロン引力 $-e^2/4\pi\varepsilon_0 r^2$ と等しいこと，全エネルギー E が運動エネルギー $mv^2/2$ とクーロン力のポテンシャル・エネルギー $-e^2/4\pi\varepsilon_0 r$ の和であることを使って v と r を消去すると，$E_n = (me^4/8\varepsilon_0^2 h^2) \times n^{-2}$ となって式 (2.5) が得られる．

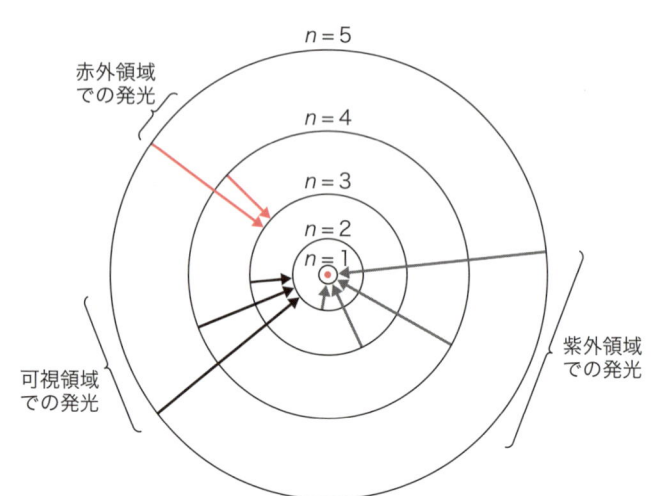

図 2.6 特定の円軌道のみが定常状態として許される水素原子のボーア・モデルと軌道間の光遷移

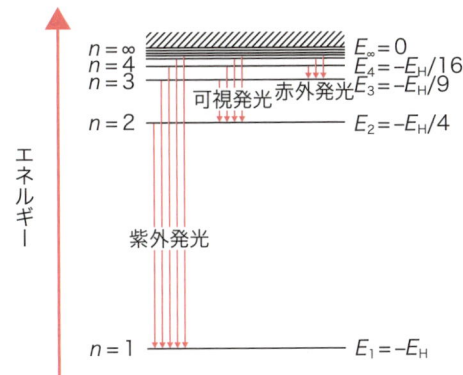

図 2.7 水素原子のボーア・モデルの離散的なエネルギー準位

態である．図 2.7 から，E_H は最もエネルギーが低い基底状態($n = 1$)の電子をイオン化するエネルギーであることがわかる[*23]．室温の水素原子では基底状態の軌道に電子が 1 個あり，これが放電などでエネルギーを得るとエネルギーの高い軌道に励起され，エネルギーの低い軌道へ移るときに，発光してエネルギーを放出する．軌道がとびとびなので，軌道の数が限られるため，原子の発光スペクトルは数本しか観測されなかったのである．

ボーア・モデルで計算された $n = 1$ の円軌道の半径は 0.529 Å となる．これはボーア半径と呼ばれ，原子の大きさの目安となる．また量子数 n の軌道の半径 r_n は，ボーア半径 a_0 の n^2 倍で大きくなる[*24]．

$$r_n = a_0 n^2 \tag{2.6}$$

ボーア・モデルは，電子のエネルギーがとびとびの値をとるという本質を突いた画期的なもので，ボーア半径はそれまでに見積もられていた原子半径と合っていた (2.1.3 項参照) が，量子化条件の意味をボーア自身も説明できないなど，原子の真の姿を完全には正しく表していないことも明らかだった．

[*23] R_H は E_H のエネルギーを波数単位で表したものである．

[*24] ボーア・モデルで水素原子の問題をとくと $a_0 = \varepsilon_0 h^2 / \pi e^2 m = 5.29 \times 10^{-11}$ m となる．ここで $\varepsilon_0 = 8.854 \times 10^{-12}$ C^{2}J^{-1}m^{-1} は真空中の誘電率，e は電気素量，m は電子の質量（厳密には水素の原子核と電子の換算質量）である．

2.3 原子のなかの電子配置

2.3.1 電子は内側の電子殻から順に収容される

ボーア・モデルは，複数の電子がある水素以外の原子には適用できないが，とびとびの軌道のイメージは有用である．原子のなかの電子の運動は三次元的なので，円周上ではなく球面上を運動すると考えることができる．玉ねぎの皮のようなこのとびとびの球殻を電子殻と呼ぶ (図 2.8)．

電子殻はエネルギーが低い量子数 $n = 1$ の軌道から順に外側へ，K 殻，L 殻，M 殻，N 殻，O 殻，…と呼ぶ．2.4 節で詳細を述べるが，各電子殻の電子の最大収容個数は K 殻から順に 2 個，8 個，18 個，32 個，…となる．電子殻

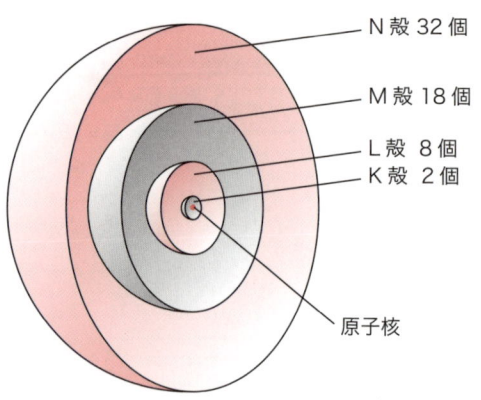

図 2.8 電子殻のモデルと最大収容電子数

の最大収容個数まで電子が入ると閉殻と呼ぶ．電子はエネルギーが低い内側の電子殻から順に詰まっていくが，内側の電子殻が閉殻になる前に，外側の電子殻に電子が入りはじめる場合もある．

2.3.2 最外殻の電子（価電子）が元素の性質を特徴づける

図 2.9 は原子番号 1 番の水素 H から 20 番のカルシウム Ca までの元素の電子配置である[*25]．K と Ca では，M 殻が最大収容個数の 18 個になる前に N 殻に電子が入る．最も外側の電子殻の電子が原子の化学的な性質を決めるので，最外殻の電子をとくに価電子と呼ぶ．He, Ne, Ar など周期表の最右端の希ガス元素は，最外殻電子が安定で反応しにくいので価電子は 0 個

[*25] 図 2.9 は原子核の正電荷の大きさを記すために，電子殻の大きさに比べ原子核を大きく描いていることに注意．また実際の電子は，この軌道の上だけを平面的に運動しているのでもない．

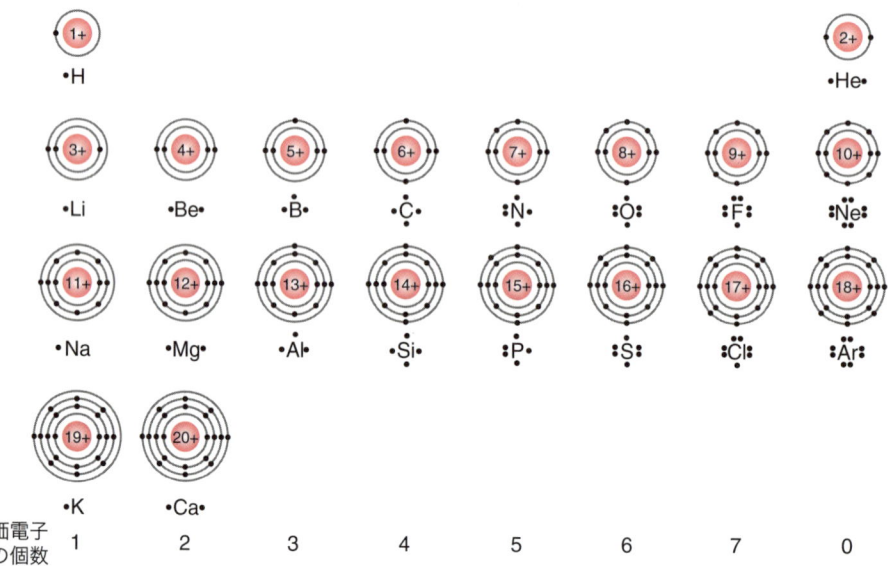

図 2.9 電子配置と電子式

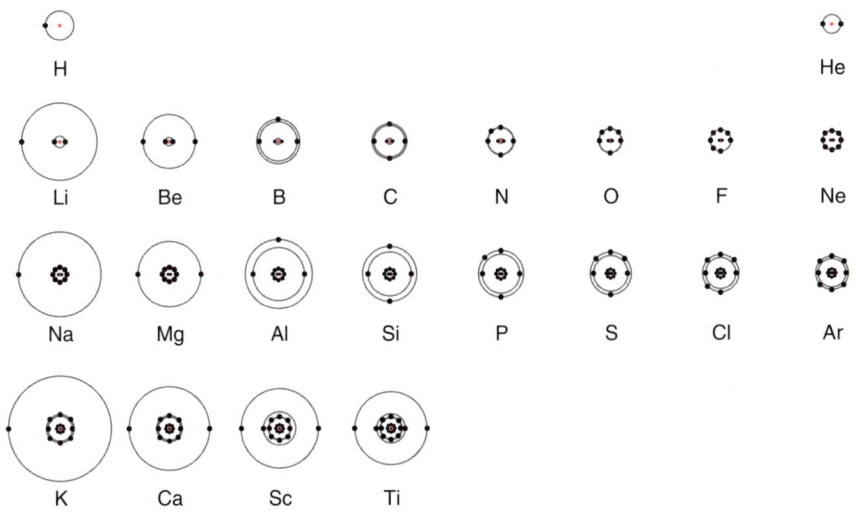

図2.10 電子殻の平均半径と電子配置

である．

図2.9には，元素記号の周囲に最外殻電子を表す点を打つ電子式も示した．電子式は，電子の点を四辺のどこに打ってもよいが，4個目までは異なる辺に打ち，5個目からはどの辺でもよいから2個ずつペアになるように打つ．He以外のペアでない電子は不対電子と呼ばれ，化学的な活性が高い．

最外殻の電子が原子の化学的な性質を決めることを端的に示したのが，図2.10の電子配置図である．この図では，電子殻の副殻[*26]ごとに平均軌道半径に比例した円軌道を描き電子を配置した[*27]．価電子が1個や2個の元素は，最外殻の軌道半径が大きく最外殻電子に働く原子核の引力が弱いため，価電子を失いやすいことが視覚的にわかる．原子核の正電荷の増加とともに最外殻電子も原子核に引きつけられるので，価電子が6個や7個の元素は，むしろほかの原子から電子を受け入れやすくなる．

2.4 電子の波動関数

2.4.1 電子は波としての性格が強い粒子

電子の実際の運動は，ボーア・モデルや私たちが見なれた物体の運動とはまったく異なり，滑らかな軌跡として追跡できない．光に粒子と波動の二重性があるように，あらゆる物体に粒子性と波動性がある．とくに電子のように軽い粒子では，電子の波の波長であるド・ブロイ波長（$\lambda = h/mv$）が原子の大きさほどに長く[*28]，波の性格が強く現れる．波が一点に局在しないで空間に広がるように，電子も原子全体に広がった存在になってしまうのである．

[*26] 2.4節に述べるs軌道，p軌道，d軌道，…のことである．

[*27] 図2.10は見やすさのため，図2.9よりも原子核を小さく描き，内側の電子殻の電子も小さめに描いている．ScとTiでは最外殻はN殻のままで，内側のM殻に残りの電子が入りはじめる．

[*28] ド・ブロイ波長が，その物体の運動する領域程度まで長くなると，物質の波が干渉するなど波動性が無視できなくなる．

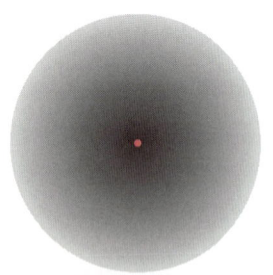

図 2.11 原子核を取り巻く電子雲

*29 軌道といっても，ボーア・モデルのように電子が決まったレールの上を運動するのではなく，s 軌道，p 軌道，…は電子雲として広がっている．

*30 電子の運動の動径方向の主量子数 n に加えて，円運動の回転の激しさに対応した方位量子数 l が電子の軌道を指定するために生じる．$l=0$ が s 軌道，$l=1$ が p 軌道，$l=2$ が d 軌道，$l=3$ が f 軌道である．主量子数 n の軌道には $n-1$ までの l しか許されないので，n の増加とともに s 軌道，p 軌道，…と電子殻に含まれる軌道の数が増えていく．さらに円運動の回転面の方向に対応する磁気量子数 m も生じる．m は $-l \sim l$ までの整数なので $2l+1$ 通りの値がある．これは各軌道のグループの箱の数が $2l+1$ 個であることと対応している．

原子のなかで波として振舞う電子についてわかるのは，式 (2.5) のとびとびのエネルギー値と，空間分布の確率だけである．図 2.11 のように，存在確率に対応した濃淡のある電子雲が原子核にまとわりついたイメージである．

量子数 n が異なる電子雲も互いに重なり合っていて，図 2.8 の電子殻のように単純に分かれてはいない．しかし，量子数 n ごとの空間分布で存在確率が高い位置は，ボーア・モデルの円軌道の半径と一定の対応があり，電子殻のイメージが実態を反映している面はある．

2.4.2 電子殻のなかには s 軌道，p 軌道，d 軌道がある*29

波としての電子の挙動を正しく表す波動方程式（シュレディンガー方程式）を解くと，原子のなかの電子雲の分布を表す波動関数が得られる．この波動関数には，n 以外にも電子軌道を指定する量子数が存在し，それに対応して電子殻には s 軌道，p 軌道，d 軌道，f 軌道と呼ばれる副殻がある*30．

図 2.12 では，電子を収容する箱として波動関数を描いた．どの電子殻にも s 軌道の箱が 1 個ずつあり，量子数 n をつけて 1s 軌道，2s 軌道，…と表す．$n=2$ 以上の電子殻には 3 個の箱が 1 組となった p 軌道のグループがあり，量子数 n をつけて 2p 軌道，3p 軌道，…と表す．さらに $n=3$ 以上の電子殻には 5 個の箱が 1 組となった d 軌道のグループがあり，同様に 3d 軌道，4d 軌道，…と表す．そして $n=4$ 以上の電子殻には 7 個の箱が 1 組となった f 軌道のグループがあり，4f 軌道，5f 軌道と表す．現在までに存在が確認されている 110 種類ほどの元素には f 軌道までが使われている．

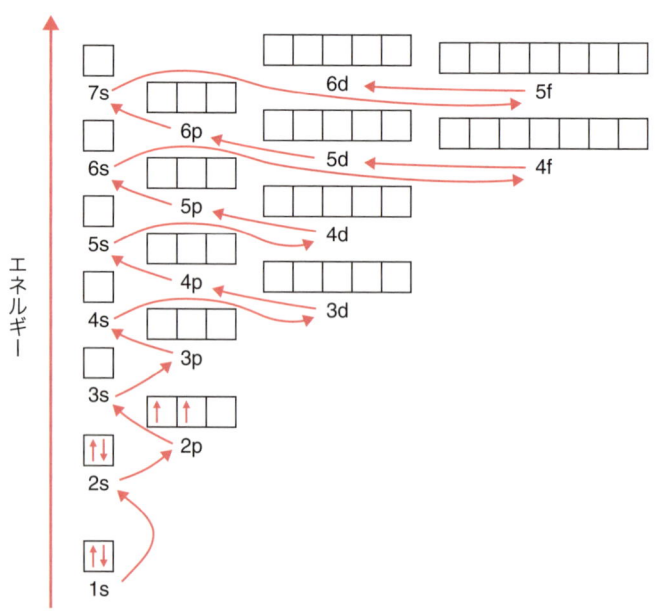

図 2.12 電子軌道のエネルギー関係と炭素原子の電子配置

図 2.12 には炭素原子の例を示したが，1 個の箱には電子が 2 個まで収容できる．箱に収容された電子を表す上向きと下向きの矢印は，電子スピン[*31]という特性を表していて，1 個の箱に入る 2 個の電子は電子スピンが逆向きでなければならない．不正確なたとえだが，電子スピンの上向きと下向きは電子の自転の右回りと左回りに対応すると考えておけば当面は十分である．p 軌道以上の箱に電子が入るときは，スピンの向きをそろえて 1 個ずつグループ内の箱に入っていき，グループの箱がすべて 1 個ずつ埋まってから 2 個目が逆向きに入る．電子配置は，炭素原子であれば $1s^2\,2s^2\,2p^2$ のように，各軌道に入る電子の個数を軌道名の右上に記す．

[*31] 電子スピンは物質の磁気的な性質と関係する．

電子スピンを考慮すると，各電子殻の電子の最大収容個数がわかる．K 殻は s 軌道のみなので 2 個，L 殻は s 軌道の 2 個と p 軌道の 6 個で合計 8 個，M 殻は s 軌道 2 個，p 軌道 6 個，d 軌道 10 個の合計 18 個，N 殻はさらに f 軌道に 14 個の合計 32 個となり，2.3.1 項で与えた数字の意味が明らかになる．

電子はエネルギーが低い軌道から順に入っていく．図 2.12 で各軌道のエネルギーを見てみよう．s 軌道どうしを比べれば，量子数 n とともにエネルギーが高くなり，同じ量子数 n のなかでは ns 軌道，np 軌道，nd 軌道，$\cdots$ の順に高くなる．しかし，3d 軌道と 4s 軌道のように，n も軌道の種類も違う軌道では，エネルギーの高さは微妙な関係になる．図 2.12 に矢印で示したように，実際に電子が入りはじめる順番は

$$1s \rfloor\ 2s,\ 2p \rfloor\ 3s,\ 3p \rfloor\ 4s,\ 3d,\ 4p \rfloor\ 5s,\ 4d,\ 5p \rfloor \\ 6s,\ 4f,\ 5d,\ 6p \rfloor\ 7s,\ 5f,\ 6d,\ \cdots \tag{2.7}$$

となっていて，図 2.9 の K と Ca のように 3d 軌道より先に 4s 軌道に入る．式 (2.7) の 」の区切りは，元素の周期表の最右端 18 族の希ガスの位置で，1s 以外はすべて p 軌道のあとである．希ガスの価電子が 0 なのは，同じ周期の s 軌道と p 軌道がすべて埋まると，電子配置が安定なことを反映している．

■**例題**■ 式 (2.7) の順に電子が収容されるものとして，原子番号 40 の Zr の電子配置を C の $1s^2\,2s^2\,2p^2$ の書き方にならって書け．

解答 原子番号と同じ個数の電子をもつので，電子の個数が 40 になるまで式 (2.7) の順に電子を収容すると $1s^2\,2s^2\,2p^6\,3s^2\,3p^6\,4s^2\,3d^{10}\,4p^6\,5s^2\,4d^2$．

2.4.3　s 軌道，p 軌道，d 軌道は空間分布が異なる

s 軌道，p 軌道，d 軌道の空間分布を図 2.13 に示した．s 軌道は球対称な分布である．これに対して，p 軌道は団子を 2 個つなげたような方向性のあ

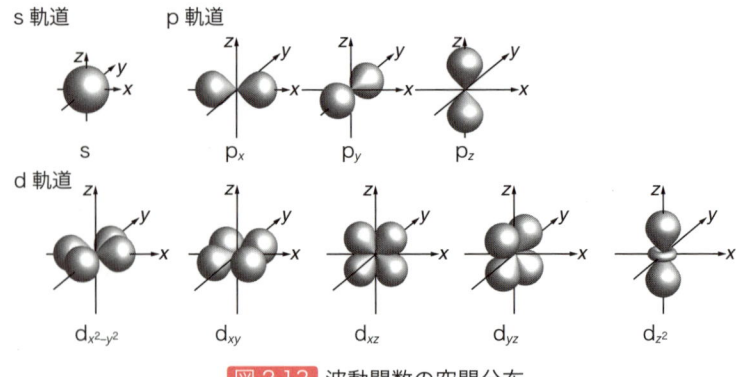

図2.13 波動関数の空間分布

る分布になる．d 軌道は 4 方向に分布が高い．こうした軌道の方向性は，原子がほかの原子と結合をつくるときの方向性と関係する．

章末問題

1. 原子核の直径と原子の直径のオーダーを答え，陽子，中性子，電子について，質量と電荷の大きさをまとめよ．

2. 天然に存在する銅は，^{63}Cu（相対質量 62.9，存在度 69.2%）と ^{65}Cu（相対質量 64.9，存在度 30.8%）の混合物である．銅の原子量を求めよ．

3. 水素原子の $n = 3$ から $n = 2$ への発光の波長は何 nm か求めよ（1 nm は 10^{-9} m）．

4. K殻，L殻，M殻，N殻について，s軌道，p軌道，d軌道，f軌道の有無を表にまとめよ．電子軌道が存在する場合は 2p のような書き方で記し，ない場合は × を記せ．

5. 原子番号 20 番までの元素の周期表と同じ形の表をつくり，式 (2.7) の順番にしたがって各軌道に電子が入るものとして，最外殻の電子配置だけを $3p^2$ のように表し，周期表の縦の列の規則性を記せ．

第3講 元素の周期表

第2講では，すべての物質をつくっている基本的な粒子である原子について学んだ．ここでは，単一の原子だけでできている物質，つまり単体について，各元素の特性とその周期性を基に考えてみよう．

3.1 原子量と元素単体の性質

3.1.1 原子を表す記号，元素記号

原子を表すには，元素記号という専用の記号を用いる．元素記号は原子記号といわれていたこともあり，最初に現代的な原子の考えを提案したドルトンは，原子を○で表し，○のなかに点を入れたり線を引いたり塗りつぶしたりして，いろいろな元素に対応する原子の記号として使っていた（1803年，図 3.1）．原子を表す記号として現在使われている元素記号は，炭素 C，水素 H，酸素 O，窒素 N のようにアルファベット（活字体）の大文字1個で表されるものと，ナトリウム Na や塩素 Cl のように1字目は大文字で書き，2文字目に小文字を添えるものとがある．これはベルセリウスという化学者が考えだしたもので，元素名の頭文字を用いることを基本とし，水素 H とヘリウム He のように同じ頭文字になってしまう場合には，元素名のつづりのなかから適当なアルファベットをさらに1文字つけて区別するという画期的なもので，ドルトンの考案した原子の記号から10年後のことであった．ベルセリウスの記号は，ドルトンの記号よりはるかにわかりやすかったので，その後，広く受け入れられることとなった．

⊙	水素	⊕	ストロンチアン[5]
⊖	窒素	⊗	重晶石[6]
●	炭素	Ⓘ	鉄
○	酸素	Ⓩ	亜鉛
⊗	リン	Ⓒ	銅
⊕	硫黄	Ⓛ	鉛
Ⓜ	マグネシア[1]	Ⓢ	銀
⊖	ライム[2]	Ⓖ	金
ⓢ	ソーダ[3]	Ⓟ	白金
ⓘ	カリ[4]	⊗	水銀

図 3.1 ドルトンの原子の記号

1)～6)の元素はアルカリ金属またはアルカリ土類金属であり，ドルトンの時代にはまだ単体として得られていなかった．1)酸化マグネシウム，2)酸化カルシウム，3)炭酸ナトリウム，4)炭酸カリウム，5)炭酸ストロンチウム，6)硫酸バリウム．

3.1.2 新元素の発見がもたらしたもの

ドルトンの原子説より少し前，フランスではラボアジェが燃焼の研究を通

じて酸素, 窒素など, それ以上分解できない物質としての元素を定義して, その定義にあてはまる33の物質を元素として選んでいた. その多くは今日でも元素として認められている. ラボアジェの研究方法は, 精密な質量の測定に基づいており, 質量保存の法則を明確に確立している.

さらに19世紀に入ると, 電気分解の方法が確立された. 電気分解によれば, ラボアジェが単体として分離できなかったアルカリ金属元素や, アルカリ土類金属元素が, 単体の金属としてみごとに分離された. このころになるとさらにもう一つ, 分光分析法も登場する. 電気分解によっても単体として分離することが難しい元素でも, 決まった波長の光をあて, それが吸収される様子から, その元素が存在することは確認できるようになったのである.

このような状況下で, 次々に新しい単体, つまり元素が発見されるようになると, 科学者のなかにはそれらの元素の性質の間に何か規則性のようなものがあるのではないか, と考える人たちが現れるようになった. 当時, 元素といえば原子量という相対的な質量をもつ粒子であるという考えが広まっており, さらに, ドルトンの原子説からアボガドロの分子説[*1]を受け入れることによって, 現在とほぼ同様の原子量の値が化学者にとって共通のものとなっていた (1860年, 国際化学会議, ドイツ・カールスルーエ). 自然な流れとして, それぞれの原子量と元素単体の性質との関係が調べられる土壌ができていたのである.

3.1.3 原子量と元素単体の性質に見られる周期性

原子量の小さい順に元素を並べると, ある順番ごとに似たような化学的性質をもった元素が現れる, いわゆる「周期性」を指摘した化学者は少なくなかった. 1864年, イギリスのニューランズは8番目ごとに, ちょうどドレミの音階のように性質のよく似た元素が並ぶことに気づき, 翌年,「オクターブ説」として発表した. ドイツのマイヤーは, 固体の単体について原子量の順に並べると, 1 molが占める体積(原子容という)や融点などの物理的な性質も周期性が見られることを明らかにした (1864〜69年). その後, 第1イオン化エネルギー, 電気陰性度などにも同様な周期性が見られることがわかっている(次節).

そんななか, 現在のものと大差ない周期表をまとめたのは, ロシアの化学者メンデレーエフである (1869〜72年). メンデレーエフが提出した周期表 (1872年版) に近いものを表3.1に示す. 何人もの化学者が原子量と元素の化学的性質や物理的性質との間に, 似た性質の元素が周期的に現れることを見いだしていたにもかかわらず, メンデレーエフが「周期表」の作成者とされている. それは, ほかの化学者が当時知られていた元素だけを並べて表をつくっていたのに対し, メンデレーエフは元素の化学的な性質の周期性を重

---

*1 ドルトンの原子説を用いて気体反応を矛盾なく説明するために, アボガドロは次のような分子説の考えを提案した.
(1) 気体状態では, 物質はすべて分子からなる.
(2) 分子には異種の原子が結合したもののほかに, 同種の原子が結合したもの (H_2 や O_2 など) もあり, 原子に分割することができる.

等温, 等圧のもとでは, 同体積のすべての気体は同数の分子を含むというアボガドロの法則は, この分子説から導かれた (1811年).

表3.1 メンデレーエフの周期表[a]

族	I	II	III	IV	V	VI	VII	VIII
	–	–	–	RH_4	RH_3	RH_2	RH	–
系列	R_2O	RO	R_2O_3	RO_2	R_2O_5	RO_3	R_2O_7	RO_4
1	H=1							
2	Li=7	Be=9.4	B=11	C=12	N=14	O=16	F=19	
3	Na=23	Mg=24	Al=27.3	Si=28	P=31	S=32	Cl=35.5	
4	K=39	Ca=40	=44	Ti=48	V=51	Cr=52	Mn=55	Fe=56, Co=59 Ni=59, Cu=63
5	(Cu=63)	Zn=65	=68	=72	As=75	Se=78	Br=80	
6	Rb=85	Sr=87	?Yt=88	Zr=90	Nb=94	Mo=96	=100	Ru=104, Rh=104 Pd=106, Ag=108
7	(Ag=108)	Cd=110	In=113	Sn=118	Sb=122	Te=125	I=127	
8	Cs=133	Ba=137	?Di[b]=138	?Ce=140				
10			?Er=178	?La=180	Ta=182	W=184		Os=195, Ir=197, Pt=198, Au=199
11	(Au=199)	Hg=200	Tl=204	Pb=207	Bi=208			
12				Th=231		U=240		

a) 族番号の下に示されている RH_4, R_2O などの化学式は，それぞれ周期表での位置に基づいた水素化物と酸化物の組成を表している．各元素の数値は当時の原子量であり，第5系列のIII族，IV族などに原子量のみが記された空欄を見ることができる．
b) 第8系列のIII族はランタノイド（ランタン系列）の部分であり，不正確であった．メンデレーエフの時代，Di（ヂヂム）とされていた元素は，のちにPr（プラセオジム）とNd（ネオジム）の混合物であることが明らかにされた．

要と考え，説明のつかないところはあえて空欄として残し，そこにはまだ未発見の元素が入るべきだと予言した功績による．たとえば，ケイ素の下にくるべき性質の元素が当時まだ見つかっていなかったので，そこに仮の元素名「エカケイ素」をあてはめて，その原子量は72になるはずであると推定している．そればかりではなく彼は，エカケイ素の比重，原子容など，ほかの物理的性質までも予言した．事実，彼の予言どおりにエカケイ素の枠に入るべき元素としてゲルマニウムが発見され（表3.2），そのほかの空欄の場所にも相次いで新元素が発見されたので，メンデレーエフの周期律の考えと，彼の周期表はまず誤りのないものと認められるようになった．また，メンデレーエフの時代には希ガス元素が見つかっていなかったので，彼は，周期表の両端，すなわちハロゲン族元素からアルカリ金属元素へと移行するのは，化学的性質が違いすぎるので不自然であるとの疑問を表明していた．この点も，後年，ラムゼーらの希ガス元素の発見によって解決されたのである．

表3.2 エカケイ素とゲルマニウム

性質	予言	Ge
原子量	72	72.59
密度 (g/cm³)	5.5	5.323
色	灰色	灰色
融点	高	937.4°C
酸化物	XO_2	GeO_2
塩化物	XCl_4	$GeCl_4$
塩化物の沸点	90°C	84°C

■例題■ メンデレーエフの周期表では，アルミニウムの下に位置する元素も未発見であった．この元素を仮にエカアルミニウムとすると，エカアルミニウムの原子番号，原子量，イオンになったときの符号

と価数はそれぞれいくつになると見込まれるか．またエカアルミニウムは金属元素と非金属元素のどちらになると推測されるか．

解答 原子番号＝ 31，原子量＝ 68，イオンの符号と価数＝ 3+，金属元素

【解説】 表 3.1 のように，メンデレーエフの時代，すでに亜鉛 Zn（原子量 65）とヒ素（原子量 75）は発見されていた．その間にエカアルミニウムとエカケイ素が入るので，原子量はそれぞれ 68 と 72 と見積もられる．

エカアルミニウムは，のちにガリウムとして発見された．

3.2　原子番号は元素の背番号

3.2.1　原子量から原子番号へ

現在では元素を原子量の順ではなく，原子番号の順に並べているが，幸い両者はほぼ同じ順序になっている．それは，原子核中の陽子の数（正電荷）が増えれば，原子量も増大するという至極単純な理由による．同位体（17 ページ参照）の関係でアルゴンとカリウム（原子番号 18 と 19），コバルトとニッケル（原子番号 27 と 28），テルルとヨウ素（原子番号 52 と 53）の 3 か所で例外的に入れ替わっているほかは，原子番号 1 の水素から 92 番のウランまで，すべて一致している．

メンデレーエフの周期律は，元素の性質を整理したり，新元素の発見には有用であったが，原子の構造が明確になるまでは原子番号の意味はよくわかっていなかった．原子番号が原子核のもつ正電荷，つまり陽子の数に相当することが明らかになるには，20 世紀，イギリスのモーズリーによる固有 X 線の研究（15 ページ参照）を待たなければならなかった．

原子番号が陽子の数を示していることがわかると，電荷をもたない原子では陽子の数と原子核の周囲に存在する電子の数は一致するので，

　　原子番号　＝　陽子の数　＝　電子の数

という等式が成り立つ．つまり元素の化学的な性質を支配する周期律は，電子の個数とその配置によることが，ほどなく明らかにされた．

3.2.2　電子配置とイオン化エネルギー

原子や分子が安定であるには次の二つのことが関係していて，安定性はそれらの兼ね合いで決まる．一つ目は，電子配置のうえで希ガス元素のように

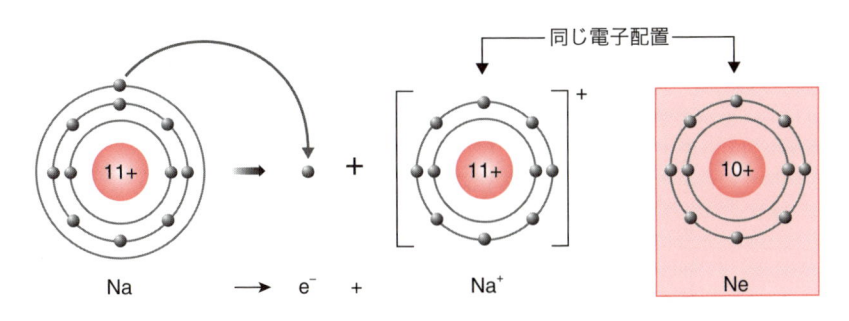

図 3.2 ナトリウム原子 Na のイオン化

電子殻が閉殻，すなわち最外電子殻が定員いっぱいの電子を収容していることである．二番目は＋や－の電荷をもたない状態が安定だということである．これを電気的中性の原理という．

ナトリウム原子 Na は，前講の図 2.9 で見たように最外殻の M 殻には電子が 1 個だけしかないから，この電子をほかへ供与してネオン Ne と同じ安定な電子配置になりやすい（図 3.2）．このとき，電子の数が陽子の数より一つ少なくなるから，全体として正（＋）の電荷をもつ粒子，すなわち陽イオンになる．ナトリウムイオン Na^+ は，電気的中性の原理からは不利となるが，希ガス型の電子配置による安定化が優先するので，水溶液中などでは安定に存在する．一般に，金属（仮の元素記号 M とする）が最外殻電子 n 個を失って生じるイオンは，M^{n+} と記し，「元素名」イオンと呼ぶ．

一方，塩素原子 Cl は，最外殻の M 殻に七つの電子があり（図 2.9），あと一つ電子を受け取る機会があればそれを受容して，アルゴン Ar と同じ安定な電子配置になりやすい（図 3.3）．この場合，電子の数が陽子の数より一つ多くなるから，全体として負（－）の電荷をもつ粒子，陰イオンになる．塩化物イオン Cl^- も同様に，水溶液中などで安定に存在する．一般に，非金属元素（仮の元素記号 X とする）が最外殻に電子 n 個を受け入れてできるイオンは，X^{n-} と表記し，「元素名」から「素」をとり「化物イオン」を続けて，〜化物イオンと呼称する．

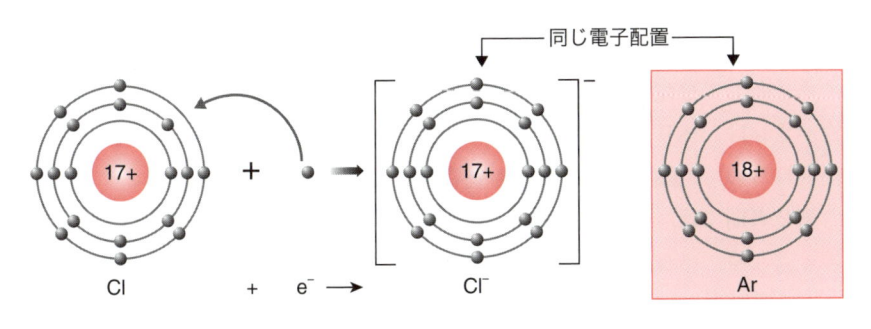

図 3.3 塩素原子 Cl のイオン化

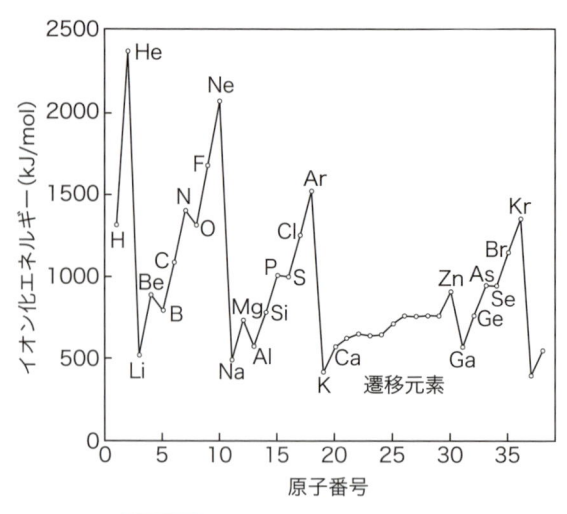

図3.4 第1イオン化エネルギー

電気的に中性状態の原子から電子1個を取り去り，1価の陽イオンにするときのエネルギーを第1イオン化エネルギーという．ナトリウムやカリウムでは，結晶中でも1価の陽イオンとして存在していることが知られているが，一般にアルカリ金属元素は最も容易に陽イオンとなる．そこで元素を原子番号の増加する順に並べて，第1イオン化エネルギーの大きさを比較すると図3.4のようになる．確かにアルカリ金属元素の値が最低で，原子番号が増えるにしたがって上昇し，ネオン(Ne)やアルゴン(Ar)など希ガスでピークとなり，次の周期のアルカリ金属元素のところで急降下し，のこぎりの歯のようにギザギザの形をつくっていることが見てとれる．

図3.4をもう少し細かく見ると，水素は周期表ではアルカリ金属元素の上に書かれるが，アルカリ元素に比べてかなり大きい値をもっている．水素原子も電子1個を放出すると1価の陽イオン（H^+）となることはよく知られているが，その傾向はアルカリ元素ほどではないことになる．一方で水素原子は，電子1個を受け入れて水素化物イオンを形成する場合もある．この場合には，ハロゲン族元素と同様な振舞いをし，原子番号が一つ大きい希ガスと同じ電子配置，つまり最外電子核が定員いっぱいになり，閉殻した構造の陰イオンとして存在することになる．水素原子が1個電子を受け入れた水素化物イオンは，ヘリウムと同じように最外殻をすべて電子で満たすことで安定化されるので，陰イオンとしても存在できるのである．

第2周期では，リチウム(Li)からネオン(Ne)まで単調に増加しているわけではなく，ベリリウム(Be)からホウ素(B)へとわずかに下がり，再び炭素(C)で増加するが，窒素(N)から酸素(O)へとわずかに減少する様子が見られる．これらはいずれも最外殻電子の配置の仕方によるものである．

2族ベリリウムから3族ホウ素への低下は，同族のマグネシウム（Mg）からアルミニウム（Al）へ移るときにも見られる．ベリリウムでは2s軌道（24ページ参照）が，マグネシウムでは3s軌道が2個の電子で満たされた電子配置のため，準安定な状態（亜閉殻という）となっており，むしろ電子が一つ多いホウ素やアルミニウムのほうが電子を失いやすいためである．

また，15族窒素から16族酸素への低下も，同族のリン（P）から硫黄（S）でも見られる．この場合にはp軌道（24ページ参照）のうち半分が満たされて，窒素では$2p^3$，リンでは$3p^3$の電子配置をとることによって，準安定な状態をとり，むしろ電子が一つ多い酸素や硫黄のほうが電子を失いやすいといえる．このような周期性は原子番号30の亜鉛，48番のカドミウム，および80番の水銀のところでも現れる．それぞれ3d，4d，5d軌道（24ページ参照）が定員いっぱいになった元素であり，次位の元素のほうが第1イオ

column　電子親和力

図3.3のように，電気的に中性の原子が電子1個を取り入れて1価の陰イオンになるときにも，エネルギーの出入りが伴う．塩素原子のように電子1個を受け入れて陰イオンとして安定化するときには，エネルギーが放出される．このように電気的に中性の原子が電子1個を受け入れて1価の陰イオンになるときに放出されるエネルギーを，その原子の電子親和力という．電子親和力は原子の陰性の強さを比較するのに用いられる．塩素のように陰イオンになりやすい原子では，電子親和力が正（+）の符号で大きな値をとる．塩化物イオンになるときに放出されるエネルギーは，とくに大きい．逆にネオンやアルゴンでは，それ自身が安定な電子配置をとっているので非常に電子を受け入れにくく，電子親和力も負（−）の値となる．これは原子が電子を1個取り入れて陰イオンになるには，外部からのエネルギーの供給が必要なことを示している．希ガス元素は，それほど陰イオンになりにくいのである．

電子親和力をEで表すと，

$$X + e^- \longrightarrow X^- + E(kJ\,mol^{-1})$$

のように表すことができる．

この電子親和力を元素の原子番号の順に示すと，やはり周期性が見られる（右図）．フッ素（F），塩素（Cl），臭素（Br）でピークとなり，それぞれ原子番号が1だけ大きいネオン（Ne），アルゴン（Ar），クリプトン（Kr）で急降下する様子が見てとれる．本文中で述べた電子配置が準安定な状態の（亜閉殻）元素であるベリリウム（Be），窒素（N），マグネシウム（Mg）でも，電子親和力はやはり負の値をとる．希ガス元素や準安定元素は，電子を1個放出して陽イオンになることも，電子を1個受け入れて陰イオンになることも抵抗するのである．

電子親和力は，最も大きな値をとるハロゲン族原子でも，1 molあたり350 kJ程度であり，図3.4に示した第1イオン化エネルギー（希ガスで1500～2400 kJ/mol程度）に比べて1桁小さい．

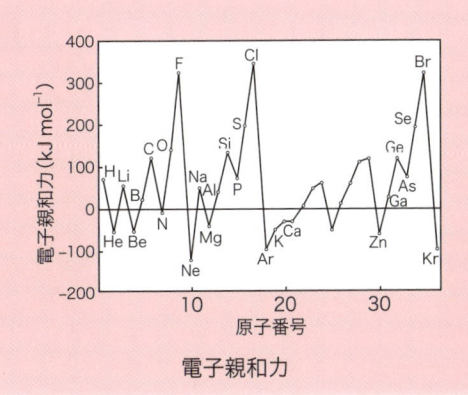

電子親和力

ン化エネルギーが相当低下する．

3.2.3　電気陰性度

　原子の化学的性質を考えるうえで重要な意味をもつのは，その原子がどのくらい電子を引きつけやすいのかということである．この尺度としてよく用いられるのは，ポーリングの提案した電気陰性度である（表3.3）．

　水素 H_2 や塩素 Cl_2 のような同種の2原子分子では，共有結合の電子対は結合している二つの原子間に半々にあるが，気体状態の塩化水素 HCl の共有結合のように異なる2原子間の共有結合では，電気陰性度の大きい元素のほうに電子が引き寄せられる傾向がある．この場合，水素は2.2，塩素は3.2なので，塩素のほうが電子を引き寄せて，少しだけ負電荷を帯びた状態になっている．ただし，水溶液中のように H^+ と Cl^- に電離しているのではなく，H–Cl 間に共有されている電子であることに変わりなく，その分布が若干 Cl 側に偏っている程度である．このことを

$$\overset{\delta+\ \ \delta-}{\text{H—Cl}} \quad \text{または} \quad \overset{\longrightarrow}{\text{H—Cl}}$$

のように表す．

　電気陰性度は希ガスを除くすべての元素にあり，周期表で右に行くほど大きく，また下から上に行くほど増大する．したがって，右の最上段にあるフッ素 F が最大で 4.0 の値をもち，左下に位置するセシウム Cs が最も小さな値 (0.7) となる．一般に電気陰性度の大きな原子ほど電子を受け入れる傾向が大きく，逆に値の小さい原子は電子を与える傾向が強い．

　電気陰性度の大小は元素単体の「金属らしさ」とも関係している．電気陰性度が小さく陽イオンとなりやすい元素は金属元素，逆に電気陰性度が大きく陰イオンとなる傾向の強いものは非金属元素に分類される．その境目は電気

表 3.3　電気陰性度（L. ポーリング[a]）

H 2.2						
Li 1.0	Be 1.6	B 2.0	C 2.6	N 3.0	O 3.4	F 4.0
Na 0.9	Mg 1.3	Al 1.6	Si 1.9	P 2.2	S 2.6	Cl 3.2
K 0.8						Br 3.0
Cs 0.7						I 2.7

[a] L. Pauling によって決定され，A. L. Allred によって更新された値．

陰性度 1.8 くらいのところで，境界線付近に位置するホウ素 B，ケイ素 Si，ゲルマニウム Ge，ヒ素 As，セレン Se，テルル Te などの単体は，金属光沢があるなど金属的な性質をいくらかもっていて，半導体といわれる．金属元素と非金属元素の分類は，次節の表 3.5 に色分けして示した．

■**例題**■ 次の化合物の共有結合について，少しだけ正電荷を帯びる原子に $\delta+$ を，少しだけ負電荷を帯びる原子に $\delta-$ を書け．

① H_2O　　② NH_3　　③ CH_4

解答

① $\overset{\delta+}{H}-\overset{\delta-}{O}-\overset{\delta+}{H}$　　② $\overset{\delta+}{H}-\overset{\delta-}{N}-\overset{\delta+}{H}$　　③ $\overset{\delta+}{H}-\overset{\delta-}{C}-\overset{\delta+}{H}$
　　　　　　　　　　　　　　　|　　　　　　　　　　|
　　　　　　　　　　　　　$H\delta+$　　　　　　$H\delta+$（上下に $H\delta+$）

---

column　原子半径とイオン半径の周期性

　原子やイオンの大きさは，原子番号の増加にしたがい原子量のように単純に増加するのだろうか．

　希ガス原子のように 1 原子分子の場合には，その原子半径を直接決定できる．金属単体の場合は金属結合で多くの原子が結合していて，それぞれの原子が最も密接した構造（最密充塡構造）をとるので，金属結合の半分の距離を原子半径とする．非金属元素の場合には，共有結合距離から求めた共有結合半径が原子半径とされている．前講の図 2.10 電子殻の平均半径と電子配置に示したように，最外殻電子の平均半径すなわち原子半径を原子番号の順に表すと，やはり周期性が見られる．同一周期では，アルカリ金属元素が最も大きく，族番号が大きくなるにつれて原子半径は減少し，希ガス元素で最小になる．原子核の正電荷が大きくなるにつれより強く電子を引きつけるので，電子軌道がより収縮するためである．アルカリ金属どうしでは，リチウム（Li），ナトリウム（Na），カリウム（K）……と周期の番号が大きくなるほど外側の電子殻に価電子の軌道が広がるから，原子半径は大きくなる．

　原子からイオンになった場合には，当然ながらその半径（イオン半径）も変化する．図 3.2 のように電子を失い陽イオンとなった場合には，核からの引きつけが強まるので半径は小さくなり，図 3.3 のように電子を受け入れて陰イオンになるときには，逆にイオン半径は大きくなる．ナトリウムイオン（Na^+）はより小さく，塩化物イオン（Cl^-）はより大きいのである．陽イオンでも，陰イオンでもイオンの価数が 2 価，3 価となるにつれ，その傾向は大きくなる．その例を以下の表に示す．

イオン半径（nm）

Li^+	Be^{2+}	B^{3+}	N^{3-}	O^{2-}	F^-
0.059	0.027	0.012	0.171	0.140	0.133
Na^+	Mg^{2+}	Al^{3+}	P^{3-}	S^{2-}	Cl^-
0.109	0.072	0.053	0.212	0.184	0.181
K^+	Ca^{2+}	Ga^{3+}	As^{3-}	Se^{2-}	Br^-
0.138	0.100	0.062	0.222	0.198	0.196
Rb^+	Sr^{2+}				I^-
0.149	0.116				0.220

3.3 周期表

3.3.1 短周期型周期表から長周期型周期表へ

　周期表の縦の列を「族」，横の行を「周期」という．族は左から順番に，周期は上から順番に番号がつけられている．その基本的な順序性は現在でも変わりないが，族や周期の番号づけのルールには，メンデレーエフの時代からいくつかの変遷があった．メンデレーエフの周期表（表 3.1）では，ナトリウムやカリウムなどのいわゆるアルカリ金属元素と，銅，銀，金などのグループが同じ族（1 族）に分類されている．その後，アルカリ金属元素などを典型元素，銅，銀，金などの元素を遷移元素と呼ぶようになると，おのおの 1A 族，1B 族と区別されるようになった．同様に 7 族までは，A, B の添え字がつけられていた．そして最後の鉄，コバルト，ニッケルなどの三つ組みのグループを 8 族，ヘリウム，ネオン，アルゴンなどの希ガスグループを 0 族とした（表 3.4）．

　このような周期表を「短周期型周期表」といい，現在では使われていないが，8 番目ごとに性質の似た元素が現れること，すなわち周期性がうまく説明できたので近年まで用いられていた．表 3.4 に基づいて元素の周期性を概観してみよう．なお，族の番号は IA 族，VIIB 族というようにローマ数字で表されるのが普通であったが，ここでは算用数字に統一して説明することにする．

　まず，各元素のとりうる最大の酸化数（127 ページ参照）は，典型元素，遷移元素の別なくそれぞれの族の番号に一致していて，その性質も類似している．たとえば，4B 族元素の酸化物は二酸化炭素 CO_2，二酸化ケイ素 SiO_2 で

表 3.4　短周期型周期表

族　周期	I A	I B	II A	II B	III A	III B	IV A	IV B	V A	V B	VI A	VI B	VII A	VII B	VIII			0
1	H																	He
2	Li		Be		B		C		N		O		F					Ne
3	Na		Mg		Al		Si		P		S		Cl					Ar
4	K		Ca		Sc		Ti		V		Cr		Mn		Fe	Co	Ni	
		Cu		Zn		Ga		Ge		As		Se		Br				Kr
5	Rb		Sr		Y		Zr		Nb		Mo		Tc		Ru	Rh	Pd	
		Ag		Cd		In		Sn		Sb		Te		I				Xe
6	Cs		Ba		57〜71		Hf		Ta		W		Re		Os	Ir	Pt	
		Au		Hg		Tl		Pb		Bi		Po		At				Rn
7	Fr		Ra		89〜103													

57〜71	La	Ce	Pr	Nd	Pm	Sm	Eu	Gd	Tb	Dy	Ho	Er	Tm	Yb	Lu
89〜103	Ac	Th	Pa	U	Np	Pu	Am	Cm	Bk	Cf	Es	Fm	Md	No	Lr

あるが，4A族でも同様に二酸化チタンTiO_2，二酸化ジルコニウムZrO_2となる．また，6B族硫黄からなる硫酸イオンSO_4^{2-}と，6A族クロムからなるクロム酸イオンCrO_4^{2-}が同形で，鉛イオンPb^{2+}と沈殿（$PbSO_4$，$PbCrO_4$）をつくりやすいなどの共通点がある．

族には1A族のアルカリ金属のほかにも名称のあるものがある．2A族はアルカリ土類金属，3A族は希土類，7B族はハロゲン，0族は希ガス元素と呼ぶ．なお，水素は非金属なのでアルカリ金属には含めず，アルカリ土類金属にはベリリウムとマグネシウムを加えないのが一般的である．また，0族は不活性ガスと呼ばれることもある．また過去には，3B族を土類とする呼び方があった．この族の元素，とくにアルミニウムは岩石圏に多く存在するからである．土類は現在では採用されていないが，アルカリ土類金属，希土類とともに，族の名称に土の字がつくグループの元素は，みな岩石圏に多く存在している．アルカリ土類金属はアルカリ性であり，希土類は発見が遅かったため「まれ」な元素とされたことに由来する．

8族の元素は「鉄，コバルト，ニッケル」のように三つ組になっているので，三組（みつぐみ）元素とも呼ばれた．このうち，「鉄，コバルト，ニッケル」を鉄族元素，それ以外の6元素を白金族元素と区別する場合もある．白金族と銅，銀，金は貴金属であり，貨幣金属ともいう．

その後，典型元素と遷移元素の違いは電子配置に由来することが明白となったので，周期表もより電子配置との関係が明白な「長周期型周期表」が登場した．なお，長周期型周期表も族の名称は短周期型と同じルールでつけられていたので，現在用いられているものとは異なる．この時代，族の番号をローマ数字にするか算用数字にするかとか，典型元素と遷移元素をA，Bの亜族に分けるときに，典型元素をA亜族，遷移元素をB亜族とするか，あるいは長周期型の表で8族元素より左側に位置するものをA亜族，右側に位置するものをB亜族とするかなど，いくつか不統一な点があった．短周期型と長周期型が共存した時代が長く続いたが，現在では周期表といえば長周期型を指す．元素の性質を考えるとき，やはり電子配置を最優先してとらえた結果である．

3.3.2 典型元素と遷移元素

周期表で縦の列である族は，現在では左から順に1族から18族まである（表3.5）．典型元素，遷移元素の別なく単純に左から順に番号が振られていて，三組元素であった鉄，コバルト，ニッケルの列もそれぞれ8族，9族，10族の番号が与えられた．名称のある族も，水素を除くアルカリ金属は1族元素，アルカリ土類金属（ベリリウムとマグネシウムを除く場合がある）を2族元素，ハロゲンは17族元素というように単純化され，わかりやすくなった．

表 3.5 周期表（現在）

族\周期	1	2	3	4	5	6	7	8	9	10	11	12	13	14	15	16	17	18
1	$_1$H					非金属元素								典型元素				$_2$He
2	$_3$Li	$_4$Be				金属元素							$_5$B	$_6$C	$_7$N	$_8$O	$_9$F	$_{10}$Ne
3	$_{11}$Na	$_{12}$Mg									遷移元素		$_{13}$Al	$_{14}$Si	$_{15}$P	$_{16}$S	$_{17}$Cl	$_{18}$Ar
4	$_{19}$K	$_{20}$Ca	$_{21}$Sc	$_{22}$Ti	$_{23}$V	$_{24}$Cr	$_{25}$Mn	$_{26}$Fe	$_{27}$Co	$_{28}$Ni	$_{29}$Cu	$_{30}$Zn	$_{31}$Ga	$_{32}$Ge	$_{33}$As	$_{34}$Se	$_{35}$Br	$_{36}$Kr
5	$_{37}$Rb	$_{38}$Sr	$_{39}$Y	$_{40}$Zr	$_{41}$Nb	$_{42}$Mo	$_{43}$Tc	$_{44}$Ru	$_{45}$Rh	$_{46}$Pd	$_{47}$Ag	$_{48}$Cd	$_{49}$In	$_{50}$Sn	$_{51}$Sb	$_{52}$Te	$_{53}$I	$_{54}$Xe
6	$_{55}$Cs	$_{56}$Ba	57〜71	$_{72}$Hf	$_{73}$Ta	$_{74}$W	$_{75}$Re	$_{76}$Os	$_{77}$Ir	$_{78}$Pt	$_{79}$Au	$_{80}$Hg	$_{81}$Tl	$_{82}$Pb	$_{83}$Bi	$_{84}$Po	$_{85}$At	$_{86}$Rn
7	$_{87}$Fr	$_{88}$Ra	89〜103	$_{104}$Rf	$_{105}$Db	$_{106}$Sg	$_{107}$Bh	$_{108}$Hs	$_{109}$Mt	$_{110}$Ds	$_{111}$Rg	$_{112}$Cn						

57〜71	$_{57}$La	$_{58}$Ce	$_{59}$Pr	$_{60}$Nd	$_{61}$Pm	$_{62}$Sm	$_{63}$Eu	$_{64}$Gd	$_{65}$Tb	$_{66}$Dy	$_{67}$Ho	$_{68}$Er	$_{69}$Tm	$_{70}$Yb	$_{71}$Lu
89〜103	$_{89}$Ac	$_{90}$Th	$_{91}$Pa	$_{92}$U	$_{93}$Np	$_{94}$Pu	$_{95}$Am	$_{96}$Cm	$_{97}$Bk	$_{98}$Cf	$_{99}$Es	$_{100}$Fm	$_{101}$Md	$_{102}$No	$_{103}$Lr

　現在の周期表では，典型元素は1族と2族，および12族から18族までの元素である．最外殻の電子がs軌道とp軌道に順序よく配置されている．それ以外，つまり3族から11族までの元素が遷移元素であり，電子構造はd軌道とf軌道が用いられた配置をとる．同じ周期の遷移元素はs, p軌道は同じ電子配置をとるので，元素の性質も似ている．具体的には第4周期の21番スカンジウムScから29番銅Cuまで，第5周期の39番イットリウムYから47番銀Agまで，第6周期の57番ランタンLaから79番金Auまでと，第7周期の89番アクチニウムAcから111番レントゲニウムRgまでが遷移元素になる．すべて金属なので遷移金属元素と呼ばれることもある．しかし，12族の，30番亜鉛Zn, 48番カドミウムCd, 80番水銀Hgは，d軌道がちょうどいっぱいになったところであるから，遷移元素の最終メンバーと考えることもできる．

　第6周期の3族の場所には，57番ランタンLaから71番ルテチウムLuまで15種類の元素が入り，普通，これらをランタノイド（ランタン系列）として欄外に別記する．同様に第7周期の3族の場所には，89番アクチニウムAcから103番ローレンシウムLrまでの15種類の元素が入り，アクチノイド（アクチニウム系列）として別に扱われる．ランタノイドやアクチノイドを別扱いするのは単に印刷スペースの節約のためであり，化学的には特別意味はない．

　元素の分類としては，常温で水素や酸素のように気体のもの，液体（臭素と水銀）のものと，そのほか多くの固体で存在するものに分けることや，放射性元素であるかどうかで分けることがあるが，必要に応じて使い分ければよいだろう．

3.3.3　元素の電子配置

　水素原子についての詳しい考察から，電子は前講図2.10のようにK, L,

M……のような電子殻の内部でそれぞれ s, p, d……のような電子軌道に配置されていることがわかった.

原子番号が大きくなるにつれて増える電子は，ほぼ内側の電子殻から順に配置されていく．しかし，図 2.12（24 ページ参照）に示したように M 殻の 3d 軌道のエネルギーは，一つ外側の N 殻の 4s 軌道のエネルギーよりも高くなる性質があるので，結果として電子は先に 4s 軌道に満たされる(図 3.5)．18 番アルゴンは 3s と 3p までが満たされた状態の元素であり，次の 19 番カリウムでは 3d 軌道をとばして N 殻の 4s 軌道に電子が 1 個入るのでアルカリ金属，同様に 20 番カルシウムでは N 殻の 4s 軌道が 2 個の電子で満たされるのでアルカリ土類金属となる．ついで 21 番スカンジウムから 29 番の銅まで一つ内側の M 殻の 3d 軌道に電子が埋まっていき，30 番亜鉛で 4s 軌道に 2 個，3d 軌道に 10 個の電子が満たされた状態が完成する．各軌道の電子の収容数は，s 軌道が 2 個まで，p 軌道が 6 個まで，d 軌道が 10 個までと，最大収容数はあとにいくほど増加する．

図 3.5 に示した元素の電子配置を細かく見ると，配置の順序に逆転のあるところがある．一例を示すと，24 番クロムでは順当に行けば 3d に 4 個の電子が入るべきだが，3.2.2 でも触れたように軌道の収容数の半数が満たされた状態（窒素の $2p^3$，リンの $3p^3$ など）が準安定な状態なので 3d 軌道では定員 10 の半数，すなわち $3d^5$ の状態をとりやすく，結果的に $4s^1 3d^5$ の

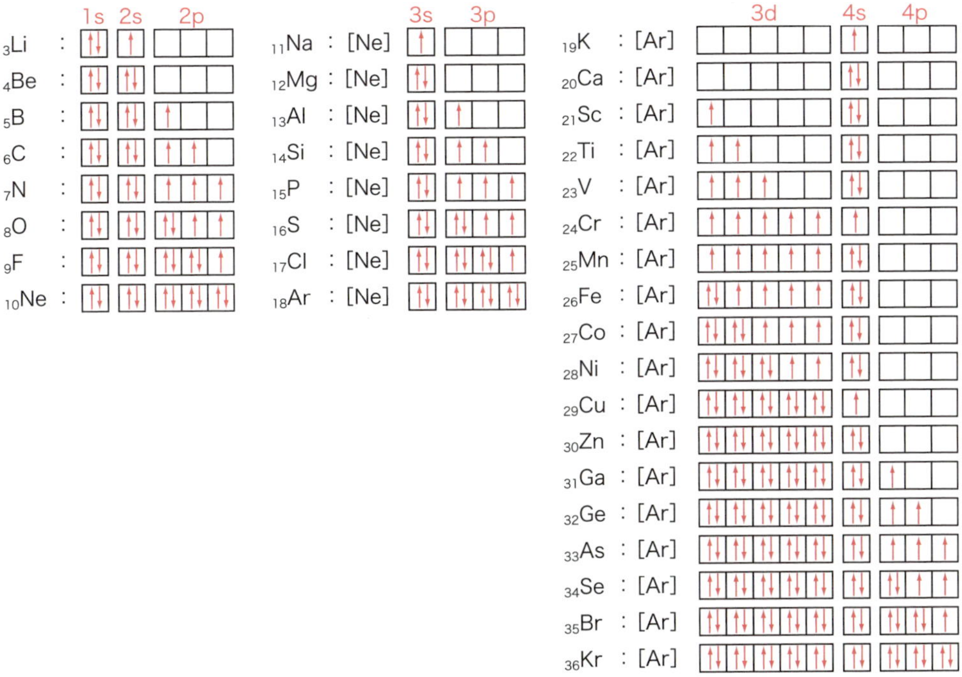

図 3.5 電子配置

配置になってしまうのである．次のマンガンでは再び 4s に電子が埋まり，$4s^2 3d^5$ となるが，これも d 軌道が準安定な状態をとっている．クロムとマンガンは性質が似ており，第 1 イオン化エネルギーの値もほぼ同じである．

　元素の化学的性質は，まず第一には最外殻の電子配置によって支配される．それが周期性を示す最大の要因であるが，しかし，個々の元素についてみると，上述のように電子軌道への配置状態や，そのほか原子核の正電荷の総数，電子の総数などによって大きく影響される．したがって，「元素の性質は原子番号によって定められる」といえる．

■例題■　原子番号が増加するにつれて，原子核中の陽子数と周囲の電子数のはどちらも同じ数だけ増加する．しかしながら，元素の性質は陽子数よりも電子数によってほぼ決まり，周期性が表れるのはなぜか．

解答　陽子数は原子核内で単調に増加するだけだが，電子は K 殻，L 殻，M 殻などの電子殻に分かれて配置される．そのうち，最外殻（最外電子殻）の電子数によって元素の性質が特徴づけられるので，周期性が表れる．

章末問題

1．次の原子番号をもつ元素は何か．元素名及び元素記号を答えよ．
　　(a) 6　　　(b) 11　　　(c) 17　　　(d) 20　　　(e) 26

2．次のうち，元素を原子番号の順に並べると，周期性の見られるものはどれか．記号で答えよ．
　　(a)質量数　(b)電子数　(c)電気陰性度　(d)イオン化エネルギー　(e)原子量

3．周期表の第 3 周期には，第 2 周期と同様に 8 種類の元素しか書かれていない．その理由を説明せよ．

4．Ca^{2+} が安定な状態で存在できるのはなぜか．電子配置を用いて説明せよ．

5．ネオン (Ne) は 1 原子分子として安定であり，陽イオンにも陰イオンにもなりにくいのはなぜか．

6．フッ素 (F) 原子は陰イオンになりやすいが，イオン化エネルギーは希ガス元素についで大きいのはなぜか．

第4講 化学式と化学反応式

化学の現象を最も簡単に，かつ最もわかりやすく表しているのが化学反応式である．この講では，化学反応式が正確に書けるようになるために，物質の化学式の表し方から始めて，化学反応式の書き方までを順序立てて説明していく．

4.1 化学式

酸素と塩化ナトリウムを化学式で表すと，それぞれO_2，NaClとなる．これらO_2やNaClのように，物質を元素記号を用いて表したものを化学式という．化学式は記号の一種であるから，利用するわれわれにとって便利でかつ簡単なものがよい．たとえば，前者の酸素は酸素原子が二つ結合したものであることがわかる．塩化ナトリウムも，ナトリウムイオンと塩化物イオンが1:1の個数比で結びついていることが理解できる．

4.1.1 化学式の種類

化学式には，分子内に含まれる原子の数を表すものや，原子数の比を表すもの，構造を示すものなどいろいろな種類がある．表4.1に化学式の一覧とその例を示す．

酢酸を例として，これら化学式の説明をしよう．

高校化学では酢酸をCH_3COOHという記号で学んだ．この化学式は③の示性式と呼ばれるもので，酸性の特徴を示すカルボキシ(ル)基 –COOH を表している化学式である．示性式とは読んで字のごとく，その物質の性質をわかりやすく示している．

酢酸分子に含まれる原子の数を数えると，炭素(C)が2個，水素(H)が4個，酸素(O)が2個ある．その数を表す化学式が②の分子式で，$C_2H_4O_2$と表さ

第4講 化学式と化学反応式

*1 有機化合物などを実際に元素分析し，その構成元素の種類と比を求めた組成式を実験式という．

表4.1 さまざまな化学式とその例

化学式の種類		定義	例	
			水	酢酸
①	組成式[*1]	物質を構成する元素の種類とその比	H_2O	CH_2O
②	分子式	物質を構成する元素の種類とその数	H_2O	$C_2H_4O_2$
③	示性式	官能基など物質の特徴を示したもの		CH_3COOH
④	構造式	価標をすべて示したもの	H–O–H	構造式
⑤	電子式	最外殻電子を表したもの	H:Ö:H	電子式

れる．その原子数の比を表す化学式が組成式①で，CH_2O となる．

組成式が CH_2O で表される物質には，これ以外に分子式が $C_3H_6O_3$ のものや $C_6H_{12}O_6$ のものも含まれる．有機化合物においては，複数の異なる物質が同じ組成式で表されることがたいへん多い．

また，共有結合を1本の価標(俗にいう結合の手)で示したものが構造式④であり，各原子の最外殻の電子を点で表したのが電子式⑤である．

この講では，イオンでできている物質，分子でできている物質を中心に，化学式の書き方を取り上げることにしよう．

4.1.2 イオンでできている物質(塩)の化学式
(a) イオンの表し方

イオンは第3講で説明したとおり，電荷をもった原子または原子団のことをいう．イオンを化学式で表す場合，その電荷の符号と2価以上の場合はその価数を元素記号の右上に書き表す(例：Fe^{3+})．多原子イオンのときも右上に記せばよい(例：SO_4^{2-})．各イオンが何価のイオンになるかは，最外殻の電子数で決まる．

表4.2に無機物質を中心としたおもなイオンをまとめた．

なお，有機化合物のイオンの場合には，示性式など分子構造がわかりやすい化学式に符号をつける場合が多い．例：CH_3COO^-，$C_6H_5NH_3^+$

イオンの名称についても述べておこう．陽イオンは原則，元素名に"イオン"をつける．ただし，原子団の陽イオンはまとめて，"……ニウム(イウム)イオン"となる場合が多い．陰イオンは"……化物イオン"というか，多原子イオンの多くは"……酸イオン"という．なお，金属陽イオンのなかに名称のあとに括弧がついたローマ数字が書かれたものがある．これは金属の酸化数を表す．わざわざ記すのは，遷移金属元素などに複数の酸化数をとるものがあり，それを明示するためである．単原子の金属イオンは，その金属の酸化数

表 4.2 おもなイオン

	陽イオン		陰イオン	
1価	Na^+	ナトリウムイオン	Cl^-	塩化物イオン
	K^+	カリウムイオン	OH^-	水酸化物イオン
	NH_4^+	アンモニウムイオン	NO_3^-	硝酸イオン
	H^+	水素イオン	ClO^-	次亜塩素酸イオン
	Ag^+	銀(I)イオン	HCO_3^-	炭酸水素イオン
	$C_6H_5NH_3^+$	アニリニウムイオン	CH_3COO^-	酢酸イオン
2価	Mg^{2+}	マグネシウムイオン	S^{2-}	硫化物イオン
	Ca^{2+}	カルシウムイオン	SO_4^{2-}	硫酸イオン
	Cu^{2+}	銅(II)イオン	CO_3^{2-}	炭酸イオン
	Fe^{2+}	鉄(II)イオン	$Cr_2O_7^{2-}$	二クロム酸イオン
	Zn^{2+}	亜鉛(II)イオン	HPO_4^{2-}	リン酸水素イオン
3価	Fe^{3+}	鉄(III)イオン	PO_4^{3-}	リン酸イオン
	Al^{3+}	アルミニウム(III)イオン		
	Cr^{3+}	クロム(III)イオン		

とイオンの価数が等しくなるので，たとえば……(III) イオンであれば，そのイオンは価数 3 の陽イオンであることがわかる．

(b) 塩を表す化学式の書き方

　イオンからできている物質(イオン結晶性物質)は，陽イオンと陰イオンが多数結合している．その物質に含まれる陽イオンと陰イオンの種類とその存在比を表せばよい．通常，陽イオンを先に，陰イオンを後に書き記す．

　化学式を簡単に書くコツは，陽イオンと陰イオンとを正と負の電荷がゼロになるような最小公倍数を考えて組み合わせることである．たとえば，Mg^{2+} と Cl^- であれば，1:2 の割合で結びつき $MgCl_2$ に，Ca^{2+} と PO_4^{3-} であれば，3:2 の割合で $Ca_3(PO_4)_2$ となる．なお，括弧で表すのは，その括弧のなかの成分が二つなり三つ組み合わされて物質となることを示している．

　ここで物質の名称についても述べておこう．イオン結晶性物質の日本語の名称は通常，化学式と逆で，先に陰イオンを，続いて陽イオンの名称をいう．たとえば $MgCl_2$ であれば，塩化物イオンとマグネシウムイオンからできる物質なので，塩化マグネシウムという．なお，名称にはイオンの存在比の数などを示さなくてよい．

■例題■ 次の塩を表す化学式を書け．
① 塩化カルシウム，② 炭酸アンモニウム，③ 硫酸クロム(III)

解答 ① $CaCl_2$, ② $(NH_4)_2CO_3$, ③ $Cr_2(SO_4)_3$

【解説】イオン性結晶物質では，まず成分イオンを化学式で表し，電荷の価数を確認して，電気的に中性，すなわちプラスマイナスがゼロになるように組み合わせればよい．
① 塩化カルシウムの化学式は，塩化物イオン Cl^- とカルシウムイオン Ca^{2+} の組合せになる．すなわち Cl^- と Ca^{2+} が 2：1 になるように組み合わせればよい．塩素の元素記号の右下に 2 をつけ，$CaCl_2$ となる．
② 炭酸イオン CO_3^{2-} とアンモニウムイオン NH_4^+ が 1：2 になるように組み合わせる．NH_4^+ の右下に 2 をつければよいが，そのまま数字をつけると $NH_{42}CO_3$ となって，H 原子が 42 個存在することになってしまう．NH_4^+ が二つの場合は，それを括弧でくくって $(NH_4)_2CO_3$ と表す．
③ クロムの酸化数が +3 だから，3 価の陽イオンとわかる．また，硫酸イオンは 2 価の陰イオンなので，2：3 で結合すればよい．硫酸イオンも多原子イオンなので，（ ）を忘れずにつけること．

4.1.3 分子でできている物質の化学式の表し方

(a) 組成式の表し方

分子を構成する元素を原則アルファベット順に並べ，物質に含まれる原子の数の比を右下に書き表す．元素の右下の数字は，その直前の原子または原子団の数を示す．なお，化学式では一つを表す 1 はすべて省略している．

例：CH_2O（酢酸，グルコースなど），CH_4O（メタノール），H_2O（水）

(b) 分子式の表し方

その分子に含まれる元素の種類とその数を表すのが分子式である．

水素原子（H）2 個と硫黄原子（S）1 個と酸素原子（O）4 個が結合した硫酸は H_2SO_4 となる．

分子式では，元素はアルファベット順で表すのが基本である．しかし，例外も意外と多い．酸では H を前にもってきたり（HCl など），酸化物の酸素は後ろにくることが多い．また，水素（H）が後ろになっているアンモニア（NH_3）のように慣例的に表されているものも少なくなく，覚えてしまったほうが早い場合もある．

■例題■ 次の物質の分子式を書け．
① 二酸化硫黄，② 五酸化二窒素，③ 硫化水素，④ 過酸化水素

【解答】① SO_2, ② N_2O_5, ③ H_2S, ④ H_2O_2

【解説】①，②には含まれる原子の数が書かれているので，それに合わせて右下に数字を書けばよい．通常，酸化物の酸素は後ろに書き記す．
③ 硫化水素は硫黄と水素の化合物であるが，原子の数などが予想できないときは，同族元素を考えるのもよい．硫黄と同族の元素は酸素であるから，酸素と水素の分子(水)を考え，置き換えればよい．
④ 過酸化水素[*2]の化学式が書けるかどうかは，知っているかいないかである．よくでてくる物質の化学式は，覚えてしまったほうが早い．

4.1.4 金属の化学式の表し方

金属はイオン結晶性物質と同様に分子にはならない(固体・液体の場合)ので，その化学式は組成式で表す．といっても，単体の金属は元素が1種類だけなので，化学式は元素記号と同じになる．

例：Cu(銅)，Fe(鉄)，Na(ナトリウム)

4.2 化学反応式

「酸素と水素が反応すると水が生じる」という化学変化を，化学式で書き表すと次のようになる．これを化学反応式という．

$$O_2 + 2\,H_2 \longrightarrow 2\,H_2O$$

ここに示したように，化学反応式は反応する割合などさまざまな情報が一目瞭然にわかり，たいへん便利である．この節では，化学反応式の書き方とそのコツなどを学習していこう．

4.2.1 化学反応式には何が表されているのか

化学反応式は，反応物(矢印の左側)と生成物(矢印の右側)と，それらが反応するときの割合(個数比)を表すものである．
たとえば，窒素(N_2)と水素(H_2)からアンモニア(NH_3)が生成する反応を考えてみよう．反応式と模式図は図4.1のようになる．
これを見ると，生成物のアンモニアをつくるにはNとHが1：3の個数比で必要である．しかし，反応物の窒素も水素も，分子は原子が2個1組になっている．そこで，アンモニア分子が二つ生成するとすれば，窒素原子と水素原子がそれぞれ2個，6個存在することになり，左側の窒素分子と水素分子がそれぞれ一つ，三つ必要となり，その数を係数として表せばよい．

[*2] 過酸化物とは酸化が過ぎた状態の物質であり，酸素原子が2個連続して結合している．
過酸化物で最も知られている過酸化水素は，次のような構造をしている．

H–O–O–H

ちなみに過酸化水素水とは，過酸化水素(H_2O_2)の水溶液のことである．

$$N_2 + 3H_2 \longrightarrow 2NH_3$$

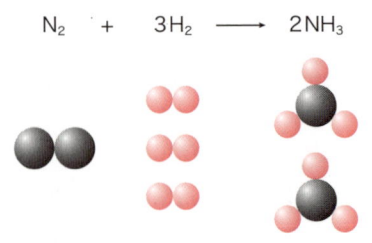

図 4.1 窒素とアンモニアの反応

このように，分子（など）の数は化学式の前に係数として書き表されていて，矢印の左右で原子数が等しくなっている．これが，化学反応式である．

4.2.2 化学反応式の書き方
(a) 係数の合わせ方

化学反応式を自力で書けるようにするために，まず，「化学反応式の係数の合わせ方」を学習しよう．

> ■ **係数の合わせ方** ■
> ① 左側（反応物）と右（生成物）で，元素がすべてあるかを確かめる．
> ② 反応物と生成物において，それぞれの元素の数が等しくなるように係数をつけていく．このとき，でている場所の少ない元素から係数を合わせていくのがコツ．
> ③ 係数に分数が含まれる場合，簡単な整数比にする．

例1：次の化学反応式に係数を加えて反応式を完成させよう．

$$CO + O_2 \longrightarrow CO_2$$

① まず，元素の種類を矢印の左右で確認する．不足していたら物質を追加する必要がある．
② 炭素原子が，右，左，1か所ずつ（下線部）なので，炭素原子を基準に係数をまず決める．CO も CO_2 も係数が一つずつなので1とする．

$$(1)\underline{C}O + O_2 \longrightarrow (1)\underline{C}O_2$$

化学反応式の完成版にするときは1は書かなくてよいので，ここでは（ ）に入れておくことにする．

②′ 次は O 原子の数．矢印の右には CO_2 に2原子分あり，左は，CO の一つだけ．残り一つ分で O_2 になるので，O_2 の係数は 1/2 になる．

$$(1)CO + 1/2\, O_2 \longrightarrow (1)CO_2$$

③ 係数が分数になったので，全体を 2 倍して簡単な整数にする．

$$2\,CO + O_2 \longrightarrow 2\,CO_2$$

■**例題**■ 次の化学反応を表す式に，係数を加えて反応式を完成させよ．
① $Na + Cl_2 \longrightarrow NaCl$
② $Mg + HCl \longrightarrow MgCl_2 + H_2$
③ $KClO_3 \longrightarrow KCl + O_2$

解答 ① $2\,Na + Cl_2 \longrightarrow 2\,NaCl$
② $Mg + 2\,HCl \longrightarrow MgCl_2 + H_2$
③ $2\,KClO_3 \longrightarrow 2\,KCl + 3\,O_2$

【解説】係数を合わせるときは，少ない原子から考えていけばよい．
① 2 種類の元素がともに 1 か所ずつなので，左右で数が異なる塩素に先に注目する．左が二つ，右が一つだから NaCl の係数が 2 となる．

$$Na + Cl_2 \longrightarrow 2\,NaCl$$

すると，左の Na を 2 個にするために 2Na とすれば，反応式が完成．
② ここも各元素 1 か所ずつなので，まずは分子式で 2 とある塩素と水素に注目して，HCl の係数が 2 となる．

$$Mg + 2\,HCl \longrightarrow MgCl_2 + H_2$$

Mg は右に一つなので，Mg の係数 1 はそのまま表す．
③ これもすべての原子が 1 か所ずつ．まず，数が異なる酸素に注目．酸素は左が 3 個，右が 2 個だから，最小公倍数の 6 となるように塩素酸カリウム($KClO_3$)と酸素(O_2)にそれぞれ 2，3 をつける．

$$2\,KClO_3 \longrightarrow KCl + 3\,O_2$$

次に，KCl の係数を 2 とすればちょうど合う．

(b) 反応式のつくり方の基本

化学反応式は次のように書けばよい．

■ **化学反応式の書き方** ■
① 反応する物質（反応物）と生成する物質（生成物）の化学式を矢印をはさんで記す．

② 反応物と生成物で原子の数が等しくなるように係数をつける．
　（コツは，左右 1 か所ずつでている元素から．）
③ 複雑な場合は係数を未知数とおいて，連立方程式で解く．

例 2：「過酸化水素水に触媒を加える[*3]と酸素と水が生じる」の化学反応式を書いてみよう．

① まず，化学式を書いてみる．

$$H_2O_2 \longrightarrow O_2 + H_2O$$

② 水素原子に注目して係数をつける．H_2O_2 も H_2O も水素が二つずつだから，それらの係数を 1 とする．1 は書き加えなくてよい．

②′ 次は酸素原子．左に 2 原子あるが，右は，すでに係数が確定した水に一つあり，残り 1 原子で酸素(O_2)をつくるので，1/2 にする．

$$H_2O_2 \longrightarrow 1/2\ O_2 + H_2O$$

②″ 反応式の係数は原則自然数で示すので，全体を 2 倍する．

$$2\,H_2O_2 \longrightarrow O_2 + 2\,H_2O$$

もう一つ例を示そう．

例 3：「白金触媒存在下でアンモニア (NH_3) と酸素 (O_2) を反応させると，一酸化窒素(NO)が生じる」の化学反応式を書いてみよう．

まずは，物質だけを並べると，左辺にアンモニアと酸素，右辺に一酸化窒素となる．

$$NH_3 + O_2 \longrightarrow NO$$

すると，水素原子が右側にないことがわかる．水素を含む物質が必要だが，酸素が反応に関与するので，水になると考えればよい．ちなみに，無機反応においては，往々にして水を加えると反応式が完成できるようになる．

$$NH_3 + O_2 \longrightarrow NO + H_2O$$

元素がすべてそろったので，次に左右 1 か所ずつのもの（ここでは窒素か水素）に注目するが，水素の数が 3 と 2 なので，それに注目して最小公倍数の 6 になるようにする．

$$2\,NH_3 + O_2 \longrightarrow NO + 3\,H_2O$$

次に窒素に注目すると，NO の係数が 2 になる．続いて，残りの酸素に注

[*3] 過酸化水素水に加える触媒といえば，酸化マンガン(IV)（二酸化マンガン）が有名だが，Fe^{3+} も忘れてはならない．過酸化水素水入りのビンに鉄さびなどが入ってしまったら，大量の酸素が発生するので注意しよう．

目すると，右辺に五つあるが，左辺には O_2 なので係数は 5/2 になる．整数にする必要があるので，全体を2倍する．

$$4\,NH_3 + 5\,O_2 \longrightarrow 4\,NO + 6\,H_2O$$

それでは，実際に反応式を少し書いてみよう．

■例題■ 次の反応を化学反応式で書け．
① 五酸化二窒素(N_2O_5)が，二酸化窒素(NO_2)と酸素(O_2)に分解する．
② 二酸化硫黄(SO_2)と硫化水素(H_2S)を作用させると，硫黄(S)と水(H_2O)が生じる．
③ 銅(Cu)に濃硝酸(HNO_3)を作用させると，硝酸銅(Ⅱ)〔$Cu(NO_3)_2$〕と二酸化窒素(NO_2)が生じる．

解答 ① $2\,N_2O_5 \longrightarrow 4\,NO_2 + O_2$
② $SO_2 + 2\,H_2S \longrightarrow 3\,S + 2\,H_2O$
③ $Cu + 4\,HNO_3 \longrightarrow Cu(NO_3)_2 + 2\,NO_2 + 2\,H_2O$

【解説】① まず，物質だけを書くと次のようになり，元素はそろっている．

$$N_2O_5 \longrightarrow NO_2 + O_2$$

窒素の数を先にあわせて，1:2 とする．次に酸素の数を合わせればよい．

(1) $N_2O_5 \longrightarrow 2\,NO_2 + O_2$

酸素原子が一つだけ余っており，酸素分子 O_2 の係数が 1/2 になるので，全体を2倍する．

$$2\,N_2O_5 \longrightarrow 4\,NO_2 + O_2$$

② まず，物質だけを書き並べ，元素がそろっているのを確認する．

$$SO_2 + H_2S \longrightarrow S + H_2O$$

次に酸素の数に注目し，水を2倍する．

$$SO_2 + H_2S \longrightarrow S + 2\,H_2O$$

水素原子が左側に四つ必要となるので，硫化水素の係数が2となる．すると，硫黄が左辺に三つあるので，右辺の S の係数は3となる．

$$SO_2 + 2\,H_2S \longrightarrow 3\,S + 2\,H_2O$$

③ まず，問題に書いてある物質を書くと，下記のようになり，右辺に水素原子がでていないことがわかる．

$$Cu + HNO_3 \longrightarrow Cu(NO_3)_2 + NO_2$$

水を加えて元素が全部でそろったところで，係数をつけはじめる．まずは1か所ずつの元素の水素か銅のどちらかの係数を決定しなければならない．ここでは，まず銅を決めてしまおう．両辺を1とする．

$$(1)Cu + HNO_3 \longrightarrow (1)Cu(NO_3)_2 + NO_2 + H_2O$$

次に水素を決めてしまいたいが，水は増えたり減ったりすることが多いので，先に窒素（N）について考える．NO_2 の係数をそのまま1にしたいが，すると HNO_3 の係数が3となり水素（H）の数が奇数となる．すると H_2O の係数が分数になってしまう．そこで，水素原子の数を偶数にするために NO_2 を2にする．硝酸銅（Ⅱ）の部分を含めると窒素が4原子存在するので，HNO_3 は係数を4とする．

$$(1)Cu + 4HNO_3 \longrightarrow (1)Cu(NO_3)_2 + 2NO_2 + H_2O$$

よって，水素原子の数から H_2O の係数が2となり，酸素以外の原子は係数が決まった．

$$(1)Cu + 4HNO_3 \longrightarrow (1)Cu(NO_3)_2 + 2NO_2 + 2H_2O$$

これで，左辺と右辺の酸素原子の数が等しければ問題ない．確認してみよう．左辺は 4×3 で12．右辺は $2 \times 3 + 2 \times 2 + 2 \times 1$ で合計12．両者の数が等しいので，この反応式で正しいことが確認された．

$$Cu + 4HNO_3 \longrightarrow Cu(NO_3)_2 + 2NO_2 + 2H_2O$$

(c) 生成物などがわからない場合

反応式を書き記す際に，反応物や生成物が何であるかを自分で予想しなければならないことがしばしばある．そのためにはどのような反応が起こるかを推察できる能力を身につけることも必要であり，化学学習の大きな目的の一つでもある．広範な化学反応をどのようにすれば推察できるようになるのか．次の節では，よく目にする無機化学反応に焦点を絞った反応の分類方法の一例を提示する．

4.3 無機化学反応の分類と反応式の書き方

無機化学反応の分類法もいろいろあるが，よく目にする化学反応を中心にここでは次の3種類についてみていこう．
(1)燃焼，(2)酸と塩基の反応，(3)熱分解

4.3.1 燃焼

炭を燃やすと熱や炎とともに二酸化炭素が発生する．

$$C + O_2 \longrightarrow CO_2$$

また，プロパン(C_3H_8)を燃焼させる反応は次のように表される．

$$C_3H_8 + 5\,O_2 \longrightarrow 3\,CO_2 + 4\,H_2O$$

このような現象を燃焼というが，燃焼には二酸化炭素の発生が必ずしも必要ではない．一般に，熱や光を激しく発生しながら酸化物が生成する反応のことを燃焼という．マグネシウムリボンなどの金属素材にも燃焼するものがある．

$$2\,Mg + O_2 \longrightarrow 2\,MgO$$

燃焼反応は酸化反応であり，必ず酸化物が生じるので，反応生成物は推察

---

column 硫黄の同素体の化学式と燃焼の化学反応式

硫黄の燃焼を表す化学反応式を記せというと，通常，次のように書き表す．

$$S + O_2 \longrightarrow SO_2 \qquad (1)$$

しかし，硫黄の単体を表す式を記せというと，S_8とかS_nと書き表す．同素体があるので化学式が複数あるのだが，反応式と異なって表現されている．

硫黄の単体というと，火山ガスの噴出口の近くに付着している黄色の固体をイメージすることが多い．これらは斜方硫黄あるいは単斜硫黄といい，硫黄原子が八つ連続して環状に結合した分子になっていて，S_8と表される．そのほかに，硫黄原子が多数連続して結合しているためS_nと表されるゴム状硫黄はよく知られている．また，S_2，S_4，S_6，S_7などと表される同素体も見つかっている．

これらの硫黄の同素体が燃焼した場合，いずれも，二酸化硫黄(SO_2)が生成する．最も知られている単斜硫黄，斜方硫黄の燃焼を表す反応式は，

$$S_8 + 8\,O_2 \longrightarrow 8\,SO_2 \qquad (2)$$

と表されるべきかもしれないが，その本質は，1原子の硫黄(S)から1分子の二酸化硫黄(SO_2)ができてくる反応であり，(1)の反応式で書き表したほうがシンプルでわかりやすい．

なお，炭素の同素体であるフラーレンC_{60}の燃焼の反応式も，通常は次のようなシンプルな化学反応式で表される．

$$C + O_2 \longrightarrow CO_2$$

しやすい．

4.3.2 酸と塩基が関係するおもな反応

酸と塩基の反応は大きく2種類に分けられる．

水素イオンと水酸化物イオンから水が生じるいわゆる中和反応と，弱酸の塩に強酸を加えるようなパターンである．

$HCl + NaOH \longrightarrow NaCl + H_2O$

$HCl + CH_3COONa \longrightarrow CH_3COOH + NaCl$

前者は，とにかく水素イオンと水酸化物イオンが1:1になるように反応させればよい．後者の反応パターンは，弱いほうの酸が水素イオンを受け取るように反応すると考えればよい．

■例題■ 次の変化を化学反応式で答えよ．
① 硫酸(H_2SO_4)に水酸化カリウム(KOH)を作用させる
② 炭酸水素ナトリウム($NaHCO_3$)に塩酸を作用させる．
③ 塩化アンモニウム(NH_4Cl)に水酸化ナトリウムを作用させる．

解答 ① $H_2SO_4 + 2\,KOH \longrightarrow K_2SO_4 + 2\,H_2O$
② $NaHCO_3 + HCl \longrightarrow NaCl + H_2O + CO_2$
③ $NH_4Cl + NaOH \longrightarrow NH_3 + H_2O + NaCl$

【解説】① いわゆる中和反応は，H^+ と OH^- が1:1になるように反応する．よって，H_2SO_4 と KOH は 1:2 で反応する．
② 弱酸の塩である炭酸水素ナトリウムに，強酸である塩酸（塩化水素）を作用させると，弱酸は水素イオンを受け取って炭酸(H_2CO_3)になり，水と二酸化炭素に分解される．
③ 弱塩基の塩である塩化アンモニウムに強塩基である水酸化ナトリウムを作用させると，弱塩基は水酸化物イオンを受け取ってアンモニアと水になる．

4.3.3 熱分解反応

炭酸水素ナトリウム($NaHCO_3$)を加熱すると，次式のように二酸化炭素と水を放出し，炭酸ナトリウム(Na_2CO_3)が生じる．

$2\,NaHCO_3 \longrightarrow Na_2CO_3 + CO_2 + H_2O$

このように，加熱により H_2O, CO_2, CO, SO_2 のような簡単な分子が発生し，

分解が起こる反応を熱分解反応という．なお，$CuSO_4 \cdot 5H_2O$ のような結晶水を含む物質を加熱すると結晶水が取れる反応も起こる．この反応も熱分解反応に分類しておくとわかりやすい．

$$CuSO_4 \cdot 5H_2O \xrightarrow{加熱} CuSO_4 + 5H_2O$$

■**例題**■ 次の変化を化学反応式で答えよ．
① 炭酸カルシウム($CaCO_3$)を加熱する
② シュウ酸カルシウム(CaC_2O_4)を加熱する．
③ 塩化コバルト(II) 6 水和物($CoCl_2 \cdot 6H_2O$)[*4]を加熱する．

解答 ① $CaCO_3 \longrightarrow CaO + CO_2$
② $CaC_2O_4 \longrightarrow CaCO_3 + CO$
③ $CoCl_2 \cdot 6H_2O \longrightarrow CoCl_2 + 6H_2O$

【解説】熱分解では，CO，CO_2，H_2O，SO_2 など簡単な分子が生成する．
① 炭酸カルシウムの熱分解では，理論上は CO か CO_2 のどちらかが発生するはず．CO_2 が発生するなら CaO が生成するが，もし CO が発生するとなると CaO_2 という聞いたことのない物質ができてしまうことになっておかしい．前者の CaO が生成する反応となる．
② シュウ酸カルシウムにおいては，CO が発生すると $CaCO_3$ という知られた物質ができる．この反応は一酸化炭素の生成法としても知られている．
③ 加熱によって結晶水がはずれる．

[*4] 乾燥剤に用いられるシリカゲルは，通常は無色の顆粒状のものだが，ときどき青やピンクの粒がある．この色の正体は塩化コバルト(II)である．ちなみに結晶水がある 6 水和物（$CoCl_2 \cdot 6H_2O$）がピンク色で，結晶水を含まない単独の $CoCl_2$ が青色となっていて，乾燥剤としての働きがあるか否かの目安になる．
ちなみにコバルトブルーという色は，この無水の塩化コバルトの色のことである．

これ以外にも酸化還元反応にはいろいろな種類がある．これは第 10 講で学習してもらいたい．

章末問題

1. 次のイオンからできる物質(塩)の化学式を答えよ．
   (1) K^+ と MnO_4^- (2) K^+ と $Cr_2O_7^{2-}$ (3) Na^+ と HPO_4^{2-}
   (4) Ag^+ と CO_3^{2-} (5) K^+ と Al^{3+} と SO_4^{2-}

2. 次の化合物を化学式で表せ(イオンの化学式は表 4.2 を参照してもよい)．
   (1) 次亜塩素酸ナトリウム   (2) 硫酸カリウム   (3) 硝酸銅(II)
   (4) 炭酸アンモニウム   (5) 硫化鉛(II)   (6) 二硫化炭素

3. 次の化合物の名称を答えよ（イオンの名称は表 4.2 を参照してもよい）．
   (1) K_2CO_3　　(2) $Ca_3(PO_4)_2$　　(3) $Fe_2(SO_4)_3$
   (4) $Pb(CH_3COO)_2$　　(5) $Zn(NO_3)_2$

4. 次の各化学反応式を正しい係数をつけて完成させよ．
   (1) $Zn + O_2 \longrightarrow ZnO$
   (2) $C_2H_4 + O_2 \longrightarrow CO_2 + H_2O$
   (3) $KI + Cl_2 \longrightarrow KCl + I_2$
   (4) $F_2 + H_2O \longrightarrow HF + O_2$
   (5) $FeS_2 + O_2 \longrightarrow Fe_2O_3 + SO_2$

5. 次の各化学変化を物質を補充して化学反応式を完成させよ．
   (1) 炭酸水素カルシウム $Ca(HCO_3)_2$ を熱分解すると炭酸カルシウム $CaCO_3$ が生じる．
   (2) 硝酸銀水溶液 $AgNO_3$ と塩化ナトリウム水溶液 NaCl を混ぜると塩化銀 AgCl の白色沈殿が生じる．
   (3) 希硫酸と水酸化バリウム $Ba(OH)_2$ 水溶液を混ぜると，硫酸バリウムの沈殿が生じる．
   (4) 塩素酸カリウム $KClO_3$ を熱分解すると，酸素と塩化カリウムが生じる．
   (5) 高度さらし粉 $Ca(ClO)_2$ に塩酸を作用させると，塩素と塩化カルシウムが生じる．

第5講 化学反応式と物質量，モル濃度

化学変化の量を考えるとき，分子の数で考えていくとわかりやすい．原子，分子などの粒の数を表す量が単位 mol で表される物質量だ．この講では，化学で最も重要な量の一つである物質量を学習し，化学変化に関与する物質の量の扱いを学習する．また，溶液の濃度などを学習し，さまざまな量を求める手法も理解する．

5.1 単位と量

5.1.1 物理量と単位

科学や科学技術では，長さ，質量，時間，速度，密度などたくさんの量が利用されている．これらの量のことを物理量という．物理量は，数値と単位を組み合わせたもので，次のように書き表す．

(物理量) = (数値) × (単位)

なぜ積で表すかというと，たとえば 2 kg という量は，1 kg の 2 倍量が存在すると考えるからである．すなわち，質量の基準としてしっかり 1 kg を定義し，それの何倍になるかで量を表していると考えればよい．

長さを表す単位にもメートルやマイルなどがあり，混乱をきたすことがある．そこで，あらゆる分野において広く全世界に共通に使用される単位系として，1960 年の国際度量衡総会において，MKSA 単位系を拡張した国際単位系 (Le Système International d'Unités) 略称 SI を採択した．この SI は現存のなかで最良の単位系と考えられている．SI には 7 つの基本単位，2 つの補助単位，それらの組立単位からなっている．すなわち，9 つの基本的な単位から，すべての単位を表すようにしている (表 5.1, 5.2)．

表 5.1 基本単位

物理量	基本単位 名称	記号
長さ	メートル	m
質量	キログラム	kg
時間	秒	s
電流	アンペア	A
熱力学温度	ケルビン	K
物質量	モル	mol
光度	カンデラ	cd

表 5.2 補助単位

物理量	基本単位 名称	記号
平面角	ラジアン	rad
立体角	ステラジアン	sr

5.2 物質量

5.2.1 物質量とその定義

化学で最も特徴的な量というと，物質量（単位 mol）であろう．側注*1 に示した物質量（1 mol）の定義がわかりにくいかもしれない．要は 0.012 kg（12 g）の ^{12}C が集まると，そこには，アボガドロ数である 6.02×10^{23} 個の粒子が含まれている．アボガドロ数と同じ（個）数の粒子が集まったら 1 mol という．そのとき，その粒子が原子なのか，分子なのか，イオンなのかなどを明記する必要があるというものである．

とにかく，ある粒子が 6.02×10^{23} 個集まればその粒子がちょうど 1 mol あることになる．また，3.01×10^{23} 個の集団であれば，0.500 mol ということになる．

水（H_2O）のような三原子分子であれば，1 mol の分子のなかに 3 mol の原子が含まれることになる（構成粒子の指定をせずにいうと，1 mol のなかに 3 mol があることになっておかしな表現になる）．

*1 モルは 0.012 kg の炭素 12 に含まれる原子と等しい数の構成要素を含む系の物質量．モルを使うときは，構成要素（entités élémentaires）が指定されなければならないが，それは原子・分子・イオン・電子・その他の粒子またはこの種の粒子の特定の集合体であってよい．

5.2.2 原子の質量と物質量

1 円硬貨の成分であるアルミニウムの原子 1 個の質量はどれくらいであろうか．とにかく小さくてわかりにくいので，まずは，大きさから考えてみよう．アルミニウム原子 1 個の大きさは第 2 講でも述べたが，10^{-10} m 程度である．これを 1 円玉と比較してみよう．1 円玉は直径が 2 cm である．そこで，わかりやすくするためにアルミニウム原子の直径を 2×10^{-10} m とする．1 円玉の直径は 2×10^{-2} m であるから，アルミニウム原子の 10^8 倍（1 億倍）となる．すなわち，アルミニウム原子を 1 億個横に並べると 1 円玉の直径と等しくなることになる．では，同じく 1 円玉を 1 億個並べるとどれくらいになるだろうか．2 cm × 10^8 個 = 2×10^6 m = 2000 km となる．すなわち，日本列島のおおよその大きさとなる．

大きさの感覚がわかったので，質量を考えてみよう．1 円玉は質量が 1 g で，そのなかにおよそ 2×10^{22} 個の原子が入っているので，アルミニウム原子の 1 個の質量は 5×10^{-23} g, 0.000 000 000 000 000 000 000 05 g となる．

このように原子一つというのは，大きさも質量もあまりにも小さすぎるので，それぞれの粒子がアボガドロ数個（6.02×10^{23}）集まったものを一つの基本単位として扱う．この粒子数を表す量が物質量であると考えてもらえばよい．

5.2.3 原子量と分子量

第 2 講で解説したように，同位体の存在も考慮した原子の質量を，^{12}C を

基準とした相対質量で表したものを原子量という．

また，分子を構成する原子の原子量の和を分子量という．分子で表せない物質は，その組成式を構成する原子の原子量の和で表し，分子量の代わりに式量と呼んでいる．

■**例題**■ 二酸化炭素（CO_2）の分子量を求めよ．炭素と酸素の原子量は，それぞれ，12.01, 16.00 とする．

解答 44.01

【解説】 分子内に炭素原子1個，酸素原子2個を含むので，分子量は次のように求められる．
$$12.01 + 2 \times 16.00 = 44.01$$

5.2.4 物質量とほかの量との関係

物質量（mol）とは，個数を表す量（単位）であるが，この 1 mol という量がたいへん便利な集合体である．たとえば，気体が 1 mol 集まると，水素のように軽い気体であっても，二酸化炭素のように重い気体でも，標準状態（1.013×10^5 Pa = 1013 hPa，0 ℃）[*2]での体積は，22.4 L となる．また，質量は，原子量，分子量の数値に g をつけた量になる．

このように，化学物質は粒の数に注目するとその量を統一的に把握しやすくなる．そして物質量を基準とすると，ほかの量も求めやすい．これらをまとめると図5.1のようになる．

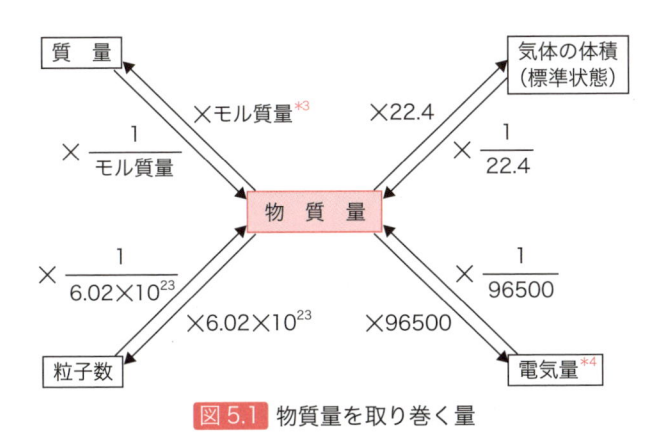

図5.1 物質量を取り巻く量

5.2.5 物質量の求め方

図5.1にしたがって，いろいろな計算をして物質量を求めたり，物質量から各種の量を求めることができる．

[*2] 標準圧力（標準状態の圧力）は，次の値がよく使われる．
 1.013×10^5 Pa = 1 atm
  = 760 mmHg

現在では 1.000×10^5 Pa（0.987 atm）を標準圧力とすることが推奨されているが，現実には以前の値が利用されることが多い．（1.000×10^5 Pa の下では 0 ℃の気体 1 mol の体積は 22.7 L になる．）

高校化学では標準状態は，「標準圧力で 0 ℃」の状態を表す．しかし熱化学（第8講参照）では，標準圧力で 25 ℃の状態を基準にすることが多い．そのため大学化学では標準状態は，標準圧力で何℃か温度を指定する．

[*3] モル質量は g/mol の単位をもつ物理量である．原子量，分子量，式量は，モル質量の単位をはずしたものと考えてもよい．

[*4] 電池や電気分解などでよく利用する C（クーロン）を単位とする物理量．

■**例題**■ 次の①〜③の量を求めよ．
① 質量が 8.8 g の二酸化炭素（分子量 44.0）の物質量．
② 質量が 5.1 g のアンモニア（分子量 17.0）の標準状態での体積．
③ 1.8×10^{23} 個の原子を含む酸素分子（分子量 32.0）の質量と標準状態での体積．

解答 ① 0.20 mol, ② 6.72 L, ③ 4.8 g, 3.36 L

【解説】まずは，物質量を求めることから始める．
① 二酸化炭素のモル質量は 44.0 なので，

$$\text{物質量} = \frac{8.8}{44.0} = 0.20 \text{ (mol)}$$

② まず分子量 17.0 のアンモニアの物質量を求め，続いて標準状態での体積の 22.4 倍する．

$$\text{気体の体積} = \text{物質量} \times 22.4 = \frac{5.1}{17.0} \times 22.4 = 6.72 \text{ (L)}$$

③ 酸素原子の物質量を求める．

$$\frac{1.8 \times 10^{23}}{6.0 \times 10^{23}} = 0.30 \text{ (mol)}$$

酸素分子の分子量は 32.0 だが，酸素 2 原子から 1 分子が生じる．よって，その質量は

$$\text{物質量} \times \text{モル質量} = \left(0.30 \times \frac{1}{2}\right) \times 32.0 = 4.8 \text{ (g)}$$

また，標準状態での体積は

$$\text{物質量} \times 22.4 = \left(0.30 \times \frac{1}{2}\right) \times 22.4 = 3.36 \text{ (L)}$$

5.3 化学反応の計算

5.3.1 化学反応の計算方法

化学を好きになれないのは，モル計算が苦手だからという人が多いのではなかろうか．しかし，教養レベルでの化学の計算は，比例計算か公式代入のどちらかであるとわりきることもできる．ここでは，比例計算と考えてもよい化学反応の計算問題の解法を解説しよう．なお，とにかく計算問題を解け

5.3 化学反応の計算

るようにするのが目的なので，問題の解法に重点を置くことにする．

ここからは，筆者が考案した図解式の化学反応計算問題解答法を説明する．図解式とは，反応式を基本とする表をつくり，それに計算問題の条件などを書き込みながら視覚的に内容を捉えて問題を解いていくという意味である．

> ■ **化学反応の基本的解答法** ■
> ① 化学反応式を完成させる．
> ② 反応式の下に表（「物質量比」，「ここでは」，「ここでの物質量」）を作成する．
> ③「物質量比」の欄には反応式の係数を，「ここでは」の欄には，与えられた量を記す．求める量は，文字などでおく．
> ④「ここでは」の量から物質量を求め，「ここでの物質量」の欄に記す．
> ⑤「物質量比」と「ここでの物質量」を比例させる．

例 1：アルミニウムに塩酸を作用させて，標準状態（$0\,°C$, $1.013 \times 10^5\,Pa$）の水素を $13.44\,L$ つくりたい．何 g のアルミニウムが必要か．ただし，アルミニウムの原子量は 27.0，標準状態の気体 1 mol の体積は 22.4 L とする．

問題の解き方：最初に反応式を記し，反応の表を作成する．表に，3 項目の欄を設け，反応式の係数を「物質量比」の欄に，問題の条件を「ここでの物質量」に記す．（解答法①～③）

	2 Al	+	6 HCl	→	2 AlCl$_3$	+	3 H$_2$
物質量比	2 モル		6 モル		2 モル		3 モル
ここでは	x g						13.44 L
ここでの物質量							

「ここでは」の量を物質量に変換し，「ここでの物質量」の欄に記して比例させる（波線部）．

	2 Al	+	6 HCl	→	2 AlCl$_3$	+	3 H$_2$
物質量比	2 モル		6 モル		2 モル		3 モル
ここでは	x g						13.44 L
ここでの物質量	$\dfrac{x}{27.0}$ mol						$\dfrac{13.44}{22.4}$ mol

$$2:3 = \frac{x}{27.0} : \frac{13.44}{22.4} \qquad \therefore 3 \times \frac{x}{27.0} = 2 \times \frac{13.44}{22.4}$$

$\therefore x = 10.8$ **答え：**10.8 g

【練習問題】 亜鉛 1.63 g を硫酸水溶液に溶かしたところ発生する気体の体積が，標準状態で 0.560 L であったとすると，亜鉛の原子量はいくらになるか[*5]．なお，標準状態の気体 1 mol の体積は 22.4 L とする．

*5 亜鉛は2価の陽イオンになる．反応式は

$Zn + H_2SO_4 \rightarrow ZnSO_4 + H_2$

【解答】 65.2

5.3.2 化学反応計算の応用：反応式が二つの場合

反応式の表を利用する理由は，反応式が二つ以上存在するなど複雑な問題をより考えやすくするためである．なお，二つ以上の反応式の計算問題を簡潔に答えるには，共通物質に注目すればよい．すなわち，複数の反応式で共通に存在する物質の物質量を A mol，B mol とおいて式をたてて解答する．

例2：アルミニウムと亜鉛の混合物が 8.67 g ある．これに過剰量の塩酸を作用させたところ，混合物はすべて溶解し，標準状態で 7.84 L の水素が発生した．この混合物中のアルミニウムと亜鉛の質量を求めよ．原子量は，Al = 27.0，Zn = 65.4 とし，有効数字3桁とする．

問題の解き方：アルミニウム，亜鉛の質量をそれぞれ，x g, y g とおき，二つの反応の共通物質である水素の「ここでの物質量」をそれぞれ，A mol, B mol とおく．ここまでは次のように表せる．

	2 Al	+ 6 HCl	→ 2 $AlCl_3$	+ 3 H_2	Zn	+ 2 HCl	→ $ZnCl_2$	+ H_2
物質量比	2モル	6モル	2モル	3モル	1モル	2モル	1モル	1モル
ここでは	x g				y g			
ここでの物質量	$\frac{x}{27}$ mol			A mol	$\frac{y}{65.4}$ mol			B mol

③ 次に，それぞれの表において比例させ，A，B の値を求める．

混合物から生じた水素の量が標準状態で 7.84 L なので，A mol と B mol の合計量である．これを数式化すると次のようになる．

5.3 化学反応の計算

	2 Al	+ 6 HCl	→ 2 AlCl$_3$	+ 3 H$_2$	Zn	+ 2 HCl	→ ZnCl$_2$	+ H$_2$
物質量比	2 モル	6 モル	2 モル	3 モル	1 モル	2 モル	1 モル	1 モル
ここでは	x g				y g			
ここでの物質量	$\dfrac{x}{27}$ mol			ⓐ mol $\dfrac{y}{65.4}$ mol				ⓑ mol

$$\dfrac{3}{2} \times \dfrac{x}{27} \qquad\qquad \dfrac{y}{65.4}$$

$$\boxed{A} + \boxed{B} = \dfrac{7.84}{22.4} \cdots (5.1) \qquad \therefore \dfrac{x}{18} + \dfrac{y}{65.4} = \dfrac{7.84}{22.4} \cdots (5.2)$$

最初のアルミニウムと亜鉛の質量の合計値は 8.67 g なので，次式が成り立つ．

$$x + y = 8.67 \qquad\qquad (5.3)$$

(5.2)，(5.3) の連立方程式を解くと，$x = 5.40, y = 3.27$ と求められる．
答え：アルミニウム 5.40 g，亜鉛 3.27 g

【**練習問題**】希硫酸にアンモニアを通じると，中和反応を起こして吸収される．ある量のアンモニアを，0.200 mol/L の希硫酸 100 mL に通じたところ，アンモニアはすべて吸収された．さらに，未反応の硫酸が残っていたので，0.800 mol/L の水酸化ナトリウム水溶液で中和したころ，25.0 mL を要した[*6]．硫酸に吸収されたアンモニアは標準状態で何 L であったか．

[*6] 反応式は
2 NH$_3$ + H$_2$SO$_4$ → (NH$_4$)$_2$SO$_4$
H$_2$SO$_4$ + 2 NaOH
　→ Na$_2$SO$_4$ + 2 H$_2$O

【**解答**】0.448 L

続いて，反応式が三つの場合の問題に挑戦してみよう．

例3：ある濃度の塩化アンモニウム水溶液 40.0 mL に過剰量の水酸化ナトリウム水溶液を作用させ発生したアンモニアを 0.600 mol/L の希硫酸 50.0 mL に導き，硫酸と反応させた．未反応の硫酸を中和するために 0.800 mol/L の水酸化ナトリウム水溶液を作用させたところ，35.0 mL を要した．塩化アンモニウム水溶液の濃度(mol/L)を求めよ．反応式は，下記のとおりとする．

$$NH_4Cl + NaOH \longrightarrow NH_3 + NaCl + H_2O$$

$$2\,NH_3 + H_2SO_4 \longrightarrow (NH_4)_2SO_4$$
$$H_2SO_4 + 2\,NaOH \longrightarrow Na_2SO_4 + 2\,H_2O$$

問題の解き方：反応式を並べて表にしてみると，各反応に共通に存在する物質が見えてくる．1番目と2番目の式の共通物質である NH_3 を $\boxed{A}$ mol と $\boxed{B}$ mol，2番目と3番目の共通物質である H_2SO_4 を $\boxed{C}$ mol，$\boxed{D}$ mol とおき，求める塩化アンモニウム水溶液の濃度を x mol/L とおくと，次の表のように最初の条件をまとめることができる．

	NH_4Cl	+	$NaOH$	→	NH_3	+	$NaCl$	+	H_2O	$2\,NH_3$	+	H_2SO_4	→	$(NH_4)_2SO_4$
物質量比	1 モル		1 モル		1 モル		1 モル		1 モル	2 モル		1 モル		1 モル
ここでは	x mol/L 40.0 mL													
ここでの 物質量	$x \times \dfrac{40.0}{1000}$ mol				$\boxed{A}$ mol					$\boxed{B}$ mol		$\boxed{C}$ mol		

	H_2SO_4	+	$2\,NaOH$	→	Na_2SO_4	+	$2\,H_2O$
物質量比	1 モル		2 モル		1 モル		2 モル
ここでは			0.800 mol/L 35.0 mL				
ここでの 物質量	$\boxed{D}$ mol		$0.800 \times \dfrac{35.0}{1000}$ mol				

上の $\boxed{A}$ 〜 $\boxed{D}$ の値を順次求めていく．
発生したアンモニアがすべて硫酸に吸収されているので，

$$\boxed{A} = \boxed{B} = \dfrac{40.0}{1000}x$$

また，アンモニアと硫酸は 2：1 の物質量比で反応するので，$\boxed{C}$ の値は $\boxed{B}$ の 1/2 になる．

5.3 化学反応の計算

	NH_4Cl	$+ NaOH \to$	NH_3	$+ NaCl +$	H_2O	$2 NH_3 +$	$H_2SO_4 \to$	$(NH_4)_2SO_4$
物質量比	1 モル	1 モル	1 モル	1 モル	1 モル	2 モル	1 モル	1 モル
ここでは	x mol/L 40.0 mL		$\dfrac{40.0x}{1000}$			$\dfrac{40.0x}{1000}$	$\dfrac{20.0x}{1000}$	
ここでの 物質量	$x \times \dfrac{40.0}{1000}$ mol		$\boxed{A}$ mol			$\boxed{B}$ mol	$\boxed{C}$ mol	

	H_2SO_4 +	2 NaOH	$\to$	Na_2SO_4 +	$2 H_2O$
物質量比	1 モル	2 モル		1 モル	2 モル
ここでは		0.800 mol/L 35.0 mL			
ここでの 物質量	$\boxed{D}$ mol	$0.800 \times \dfrac{35.0}{1000}$ mol			

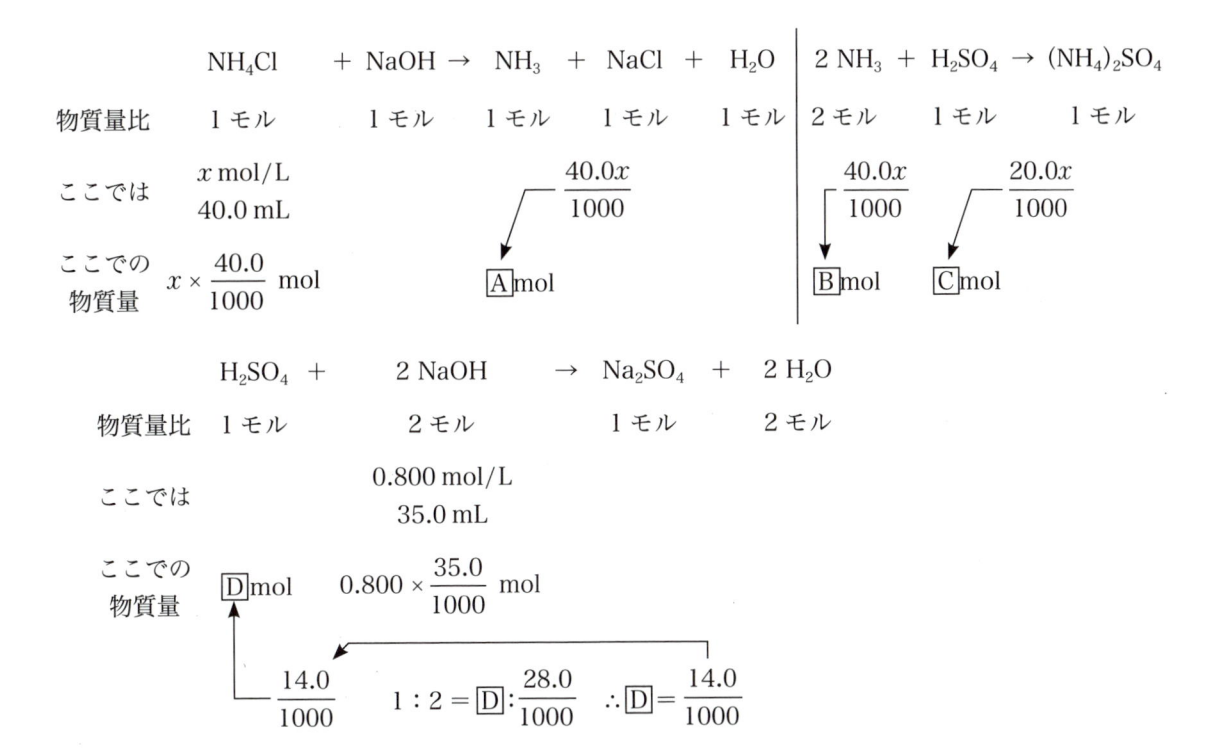

$\dfrac{14.0}{1000} \quad 1:2 = \boxed{D}:\dfrac{28.0}{1000} \quad \therefore \boxed{D} = \dfrac{14.0}{1000}$

硫酸は 60 ページの例 2 の水素に類似した二重反応物質なので，その物質量の和（$\boxed{C}+\boxed{D}$）が，0.600 mol/L，50.0 mL 分の硫酸と等しくなればよい．よって，次のように，$\boxed{C}$と$\boxed{D}$に値(量)を代入して，解が得られる．

$\boxed{C}+\boxed{D} = 0.600 \times \dfrac{50.0}{1000} \quad \therefore \dfrac{20.0}{1000}x + \dfrac{14.0}{1000} = \dfrac{30.0}{1000} \quad \therefore x = 0.800$

答え： 0.800 mol/L

【練習問題】 硫酸アンモニウムを含む窒素肥料 0.4210 g を過剰量の水酸化ナトリウム水溶液により反応させ，生成したアンモニアを 0.050 mol/L 硫酸溶液 50 mL を入れたフラスコに捕集した．フラスコ内の内容物を 0.050 mol/L 水酸化ナトリウム水溶液で指示薬の色が変化するまで滴定したところ，滴定に 6.0 mL を要した[*7]．試料中の硫酸アンモニウムの質量を求めよ．H = 1.0, N = 14, O = 16, Na = 23, S = 32

[*7] 反応式は例3と同じ．

【解答】 0.31 g（含有率は 74%）

5.4 物質の濃度

溶液に含まれる溶質などの量を表すものが濃度である．濃度にもいろいろな種類がある．この節では，溶液の濃度の表し方と，濃度の変換について学習していこう．

5.4.1 濃度の種類

化学でよく利用される溶液の濃度と，その公式(定義)をまとめておく．

(a) モル濃度(mol/L)（体積モル濃度ということもある）

最も頻繁に利用される濃度である．溶液 1 L 中に含まれる溶質の物質量(mol)を示す量と考えればよい．

$$\text{モル濃度(mol/L)} = \frac{\text{溶質の物質量(mol)}}{\text{溶液の体積(L)}}$$

(b) 質量モル濃度[*8](mol/kg)

蒸気圧降下，沸点上昇，凝固点降下を求めるときなどに利用される．溶媒 1 kg に溶けこんでいる溶質の物質量(mol)を示す量と考える．

$$\text{質量モル濃度} = \frac{\text{溶質の物質量(mol)}}{\text{溶媒の質量(kg)}}$$

[*8] 質量モル濃度は，溶媒の質量に対する溶質の物質量を表すものである．

(c) 質量百分率(%)[*9]，%濃度，1% = 1×10^{-2}

$$\text{溶液の濃度(\%)} = \frac{\text{溶質の質量(g)}}{\text{溶液の質量(g)}} \times 100$$

[*9] 体積百分率，体積百万分率もある．

(d) 質量百万分率[*9](ppm : parts per million)，1 ppm = 1×10^{-6}

(c) と同等のものだが，100 倍でなく 10^6 倍する．SI 接頭語でも示したように，科学技術では 10^3 ごとに量を変えていく (SI 接頭語参照)．よって，ppm も日本語で 100 万と覚えるのでなく，10^3 が二つと覚えたほうがよい．

$$\text{溶液の濃度(ppm)} = \frac{\text{溶質の質量(g)}}{\text{溶液の質量(g)}} \times 1\,000\,000$$

なお，環境ホルモンなどごくごく微量で影響がでるようなものは，それより小さい ppb : parts per billion （1 ppb = 1×10^{-9}）が用いられている．

なお，SI にしたがって記述する際は，モル濃度は mol dm^{-3} (mol/dm^3)，密度は kg m^{-3} (kg/m^3) にするほうがよい．また，%や，ppm，ppb は厳密には単位とはいえず，割合と考えるべきである[*10]．

[*10] 厳密には濃度には含めないかもしれないが，密度(g/cm^3) も濃度のような扱いをしている．液体，固体は体積を cm^3 で表すが，気体の場合は密度が小さいので，体積を L で表している．

5.4.2 濃度の求め方と変換の方法
(a) 濃度の求め方

濃度を求めるときは,「公式に忠実に代入」すればよい.また,公式に忠実の意味は,たとえばモル濃度を求めるのであれば,必ず分子には溶質の物質量をmolの量になるように,分母には必ずLの量になるように代入せよという意味である.

■例題■ ① 水酸化ナトリウム(NaOH:式量40.0)8.00 g を水に溶かして 250 mL の溶液にした.この溶液のモル濃度を求めよ.
② 水酸化ナトリウム 12.0 g を水 200 g に溶かした水溶液の質量モル濃度を求めよ

解答 ① 0.800 mol/L, ② 1.50 mol/L

【解説】① モル濃度(mol/L)

$$= \frac{溶質の物質量(mol)}{溶液の体積(L)} = \frac{\frac{8.0}{40.0} \text{ mol}}{\frac{250}{1000} \text{ L}} = 0.800 \text{ mol/L}$$

② 質量モル濃度(mol/kg)

$$= \frac{溶質の物質量(mol)}{溶媒の質量(kg)} = \frac{\frac{12.0}{40.0} \text{ mol}}{\frac{200}{1000} \text{ kg}} = 1.50 \text{ mol/kg}$$

このように面倒に見えても,公式に忠実に代入すれば確実に求められる.

【練習問題】次の溶液の濃度を求めよ.
(1) アンモニア 0.425 g を水に溶かして 125 mL にしたアンモニア水溶液のモル濃度
(2) 水酸化カリウム(式量 56.0)11.2 g を水 400 g に溶解させた水溶液の質量モル濃度
(3) 70%硫酸水溶液 35 g を水に加えて 200 mL にした水溶液のモル濃度

【解答】(1) 0.200 mol/L, (2) 0.500 mol/kg, (3) 1.25 mol/L

(b) 濃度の変換(%濃度をモル濃度に変換)

濃度の単位を変換する計算がある.この場合,公式的にその手法を覚える

ことが多いが，濃度の意味を考えて導く方法がある．それは，公式を自分で組み立てられるようになることにつながる．

例4：密度が $1.84\,\text{g/cm}^3$ で，98.0% の H_2SO_4 が含まれている濃硫酸（分子量 98.0）がある．この硫酸のモル濃度を求めよ．

濃度の求め方：モル濃度とは，結局のところ溶液 1 L 中に含まれる溶質の物質量（mol）のこと．すなわち，濃硫酸 1000 mL（$1000\,\text{cm}^3$）中の溶質の物質量を求めればよい．

そこで，次のように考える．

① 濃硫酸 1000 mL（$1000\,\text{cm}^3$）中の質量を求める．

$$1000 \times 1.84 \quad \text{（密度をかける）}$$

② 続いて，溶質の質量を求める．

$$(1000 \times 1.84) \times \frac{98.0}{100} \quad \text{（質量百分率をかける）}$$

③ 続いて，溶質の物質量を求める．

$$\left(1000 \times 1.84 \times \frac{98.0}{100}\right) \times \frac{1}{98.0} \quad \text{（分子量で割る）}$$

$$= 18.4 \qquad\qquad \textbf{答え}：18.4\,\text{mol/L}$$

これは，次のような公式で表すことができる．

$$1000 \times 密度 \times \frac{\%濃度}{100} \times \frac{1}{モル質量} = モル濃度$$

この値は，濃硫酸 1000 mL に含まれる溶質の物質量であり，結局モル濃度の数値と等しくなる．なお，1000 mL の部分を任意の量に置き換えれば任意の液体量の物質量を求めることができる．

この変換の意味を理解すれば，ほかの量を求めることもできる．

■**例題**■ ① 密度 $1.38\,\text{g/cm}^3$，質量％濃度が 60.0% の濃硝酸（分子量 63.0）のモル濃度と質量モル濃度を求めよ．

② 密度 $1.18\,\text{g/cm}^3$，質量％濃度が 36.5% の濃塩酸を水で薄めて，1.25 mol/L の希塩酸 50 mL をつくりたい．何 mL の濃塩酸が必要か．

解答 ① 13.1 mol/L，23.8 mol/kg，② 5.30 mL

【解説】① モル濃度：$1000 \times 1.38 \times \dfrac{60.0}{100} \times \dfrac{1}{63.0}$

質量モル濃度：$\dfrac{1000 \times 1.38 \times \dfrac{60.0}{100} \times \dfrac{1}{63.0} \text{ mol}}{\dfrac{1000 \times 1.38 \times \dfrac{40.0}{100}}{1000} \text{ kg}}$

② 必要な濃塩酸を x mL とすると，

$x \times 1.18 \times \dfrac{36.5}{100} \times \dfrac{1}{36.5} = 1.25 \times \dfrac{50}{1000}$

章末問題

1．次の各問いに答えよ．なお標準状態の気体 1 mol の体積は 22.4 L，アボガドロ定数を 6.0×10^{23} mol^{-1} とする．
  (1) 二酸化炭素(分子量 44.0) 6.6 g 中に含まれる炭素原子と酸素原子はそれぞれ何 mol か．
  (2) メタン分子 CH_4 0.30 mol の質量と標準状態での体積を求めよ．
  (3) 硝酸カルシウム $Ca(NO_3)_2$ (式量 164) 0.50 mol は何 g か．また，この中に含まれるカルシウムイオンは何個か．

2．次の各問いに答えよ．
  (1) グルコース $C_6H_{12}O_6$ (分子量 180) 9.0 g を水に溶かして 250 mL にした水溶液は何 mol/L か．
  (2) 0.20 mol/L の水酸化ナトリウム水溶液 250 mL 中に水酸化ナトリウムは何 mol 含まれているか．
  (3) 0.25 mol/L の水酸化ナトリウム水溶液を 500 mL 作成するには，何 g の水酸化ナトリウム(式量 40.0)が必要か．
  (4) 密度が 1.05 g/cm^3 の 0.200 mol/L 硫酸水溶液中の硫酸 (分子量 98.0) の質量％濃度はいくらか．

3．標準状態で 5.60 L のブタン C_4H_{10} を完全燃焼させたところ，二酸化炭素と水が生じた．下の各問いに答えよ．なお，標準状態の気体 1 mol の体積は 22.4 L とし，燃焼の反応式は，下記のとおりとする．

$2\ C_4H_{10}\ +\ 13\ O_2\ \longrightarrow\ 8\ CO_2\ +\ 10\ H_2O$

  (1) この燃焼反応によって生じる二酸化炭素は何 mol か．
  (2) この燃焼に必要な酸素の体積は標準状態で何 L か．

4．次の各問いに答えよ．気体の体積はすべて標準状態のものとする．

(1) プロパン C_3H_8 とブタン C_4H_{10} の混合気体 16.8 L を完全燃焼させると，二酸化炭素が 56.0 L 生じた．この混合気体中にプロパンは何 L 含まれていたか．

(2) 濃度未知の硫酸 10.0 mL をとり，純水で薄めて正確に 500 mL にした．この薄めた溶液 20.0 mL を 0.100 mol/L の水酸化ナトリウム水溶液で滴定したら 40.8 mL を必要とした．もとの硫酸のモル濃度はいくらであったか．

(3) 空気中の二酸化炭素の量を測定するために，0.0050 mol/L の水酸化バリウム水溶液 200 mL に空気 10 L を通じ，二酸化炭素を完全に吸収させた．反応後の上澄み液 20 mL を中和するのに 0.010 mol/L の塩酸が 7.4 mL 必要であった．もとの空気 10 L に含まれていた二酸化炭素は何 mL か．

(4) 食酢（酸の成分は酢酸 CH_3COOH，分子量 60.0）の 5.00 mL を 0.100 mol/L 水酸化ナトリウム水溶液で中和したところ 33.5 mL を必要とした．この食酢中の酢酸の質量％濃度はいくらであったか．なお，食酢の密度は 1.00 g/cm³ とする．

第6講 化学結合1 共有結合

自然界には四つの力が存在するとされている．「重力」，「電磁気力」，それから素粒子の間に働く「弱い力」，「強い力」である．あとの二つは陽子や中性子よりも小さな素粒子の間に働くもので，化学結合には関係なく，物理学(なかでも素粒子物理学)の扱う範囲となる．「重力」も化学結合には無関係だ．原子どうしを結びつける化学結合は，実はすべて「電磁気力」によるものなのである．共有結合，イオン結合，金属結合などすべての化学結合を構成する力が，正電荷と負電荷の引き合うクーロン引力によって説明できるのである．ここでは，まず共有結合を見ていこう．

6.1 化学結合とは

　原子またはイオンを結びつけ，分子や結晶をつくりあげる力のことを化学結合という．化学結合は共有結合，イオン結合，金属結合の3種類に大別される．これら3種類に配位結合を加えて4種類に分類されることもある．実際の化学結合では，これら3種類の結合様式が混じりあっていて(共鳴)，厳密に区別することは難しい．たとえば，HCl における H–Cl 間の結合は共有結合性 83%，イオン結合性 17% という表現がされる．
　大まかには次のように考えることができる．

　　非金属元素どうしの結合　→　共有結合[*1]
　　金属元素と非金属元素の結合　→　イオン結合[*2]
　　金属元素どうしの結合　→　金属結合[*3]

　化学結合は，一般には分子や結晶のなかで働く引力を意味するが，範囲を広げて，分子どうしの間に働く水素結合，ファンデルワールス力までを含め

[*1] 非金属元素どうしの結合には配位結合の場合もある．

[*2] 錯体中の金属元素と非金属元素の結合は配位結合である．

[*3] 錯体などのなかで，2個〜数個程度の金属原子どうしが結合を形成する場合は，金属–金属結合といい，金属結合とは別に取り扱われる．

て化学結合と呼ぶこともある．これらは，分子内につくられる化学結合に比べると，かなり弱い力である．

化学結合の生じる原因はすべて，電子がもたらすクーロン引力（静電気的な引力）に帰着する．イオン結合が，陽イオンと陰イオンのクーロン引力によるのはその名のとおりである．共有結合でも，正の電荷を帯びた二つの原子核の間に，電子密度の濃い部分ができることが結合の本質である．正電荷が間に電子を挟むことにより，クーロン引力を生じる配置になり，結合力を生じるのである．金属結合でも，正電荷の間に自由電子が入ることにより，同じように引力を生じると考えることができる．

6.2 共有結合とオクテット則

6.2.1 オクテット則

共有結合は2個の原子の間で，それぞれの原子の最外殻電子を互いに共有してできる結合である．最外殻電子を互いに共有することにより，それぞれの原子は希ガスと似た電子配置となって安定化する．たとえば水素分子H_2は，水素原子Hが2個結合したものである．水素原子には最外殻電子が1個だが，2個の水素原子が接近すると，互いに1個ずつ最外殻電子を提供して，2個の電子を二つの水素原子で共有するようになる．このとき水素原子は，ヘリウムと同じ電子配置になって安定化する．

電子式は，共有結合を定性的に表現する非常に便利な方法である．たとえばFを例にとると，最外殻電子は3組の孤立電子対（ローンペア，非共有電子対）と1個の不対電子から成っている．不対電子はこのままでは不安定であり，あと1個電子が入り込めば，最外殻電子が8個（s軌道，p軌道が満た

---

column　オクテット則のあてはまらない例1——超原子価化合物

ほとんどの化合物は最外殻電子が8個で安定し，オクテット則に従うが，中心原子の最外殻原子が8個を超えている化合物も多く安定に存在する．このような化合物を超原子価化合物といい，第3周期以降のケイ素，リン，硫黄などの化合物に多く見られる．六フッ化硫黄SF_6，五塩化リンPCl_5などが代表的な例である．

された状態)となり安定となる．このように最外殻電子が8個(水素の場合のみ2個)となるように結合が生じることをオクテット則(八隅説)という．

2個のF原子は，互いに不対電子を1個ずつ提供しあって，次の配置となる．これでF原子のまわりの電子はそれぞれ8個となり安定化し，共有電子対を介して結合を生じる．これが共有結合である．1個ずつ不対電子を提供しあい，共有電子対を1組形成するので，この結合を単結合と呼ぶ．元素記号の間に線を一本引いて表現される．

F–F

共有電子対

同様に酸素原子の場合を考えると，酸素原子1個から，不対電子を2個提供しあい，安定な閉殻構造となり，共有結合を生じる．2組の共有電子対を介するので，これを二重結合と呼ぶ．

O=O

窒素原子の場合は，窒素原子1個から不対電子を3個提供しあい，3組の共有電子対を生じる．これが三重結合である．

N≡N

電子式を使えば，各原子のまわりの電子が8個(水素の場合だけ2個)となるように，原子を組み合わせることで，分子をつくり上げることができるので便利である．

■例題■ 次の分子，イオンの電子式を記せ．
H_2 H_2O CO_2 NH_3 O_3 NO_2^- SO_2

解答

NO_2^-, O_3, SO_2 は事実上，価電子数が同じなので，同じ電子式となる．

6.2.2 共鳴

例題に記したオゾン O_3 の電子式は，O=O→O と表記できる（→は共有電子対の電子が2個とも片側の原子から供与されているときの記号. $O=O^+-O^-$ と表記されることもある）．この電子式から推定されるO原子間の結合距離は，左右で別の長さになりそうであるが，実際には結合は等価で，結合距離は2本とも等しく 0.128 nm である．

O–O の単結合の距離は 0.148 nm，O=O の二重結合の距離は 0.121 nm である．オゾンの O–O の結合距離はこれらの中間の値であり，実際にはオゾンの O 原子間の結合は2本とも，単結合と二重結合の中間の状態となっていると考えられる．中間の状態となっていることを表現するために，電子式を使用して，共鳴という考え方がとられる．

$$:\overset{..}{\underset{..}{O}}::\overset{..}{\underset{..}{O}}:\overset{..}{\underset{..}{O}}: \longleftrightarrow :\overset{..}{\underset{..}{O}}:\overset{..}{\underset{..}{O}}::\overset{..}{\underset{..}{O}}:$$

オゾンを電子式で表現するとき，左右両方の表記が可能である．このような場合，実際には両者を平均化した構造をとっていると考えるのが共鳴の考え方である．二つの共鳴構造の間を高速で行き来しているという説明がされることもあるが，実際には高速で行き来しているわけではなく，中間の構造でとどまっていると考えるべきである．

■例題■ SO_2 は，分子内（イオン内）にある2本の結合は等価である．これらの分子(イオン)の共鳴構造を記せ．

解答 SO_2 は O_3 と価電子数が同じだから，同様に考えることができる．

$$:\overset{..}{\underset{..}{O}}::\overset{..}{\underset{..}{S}}:\overset{..}{\underset{..}{O}}: \longleftrightarrow :\overset{..}{\underset{..}{O}}:\overset{..}{\underset{..}{S}}::\overset{..}{\underset{..}{O}}:$$

6.3 共有結合はそもそも何で生じるのか？——分子軌道の考え方

これまで電子式の書き方，オクテット則などを学習してきたが，分子内の電子は実際には電子式で描かれるような状態で存在しているわけではなく，分子のなかを自由に飛び回っている状態にある．電子を共有し，最外殻電子が希ガスと同じ状態になれば安定すると考えるけれども，分子が希ガスに似た性質を示すわけでもない．オクテット則に従わない分子も数多い．そもそも結合は何で生じるのか考えていこう．

水素分子 H_2 の例で考えよう．まず，水素原子が1個単独でいる状態を考える．電子1個が水素の原子核（陽子1個）のまわりを自由に飛び回っている

6.3 共有結合はそもそも何で生じるのか？——分子軌道の考え方

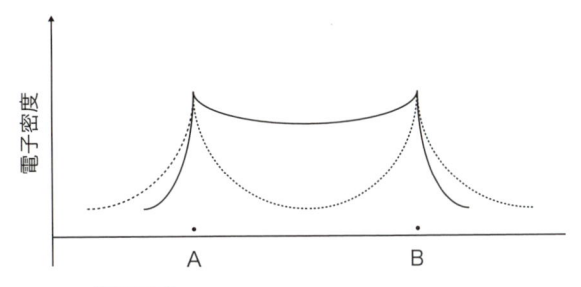

図6.1 水素分子内の電子密度の模式図
点線は水素原子単独のときを示す．

が，どのあたりにどの程度の確率でいるかを数字で表すことができる．電子は1s軌道に存在するので，電子の存在確率が等しい点をたどってつなげていくと，球面となる．

この水素原子2個をゆっくりと接近させていこう．片方を水素原子A，もう片方を水素原子Bと呼ぶことにする．そうするとあるところで，Aの電子（負電荷）は，Bの陽子（正電荷）からの静電引力を感じて引っ張られるし，Bの電子はAの陽子の静電引力を感じて引っ張られるようになる．その結果，電子がAとBの間に引き寄せられ，AとBがそれぞれ単独でいる場合よりも接近した場合のほうが，AとBの間に電子が存在する確率が高くなる（図6.1）．AとBの間に電子が存在すれば，Aの陽子(＋)・電子(−)・Bの陽子(＋)という順序の配列になる．これは静電引力によって安定になった状態といえる．AとBの接近によって，AとBの間の電子の存在確率が高くなったこ

---

column　オクテット則のあてはまらない例2——電子不足化合物

1本の結合を生じるためには1組の共有電子対，つまり2個の電子が必要であった．しかし，一部の化合物のなかには，価電子数の合計が結合の個数の2倍より少ないものが存在する．このような化合物を電子不足化合物という．

代表的な例がジボランB_2H_6である．共有結合は合計7本だから14個の価電子が必要になる．どう考えても電子が2個不足するのである．20世紀前半までは，電子が不足しながらも，下の構造が提案されていたが，構造解析の結果から誤りであることがわかった．

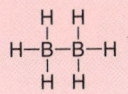

正しい構造は下図のとおりである．内側にあるB–H–Bの部分には，2個価電子が割り振られる．この部分は3中心2電子結合と呼ばれている．ホウ素と水素の化合物には3中心2電子結合をもつものが多い．

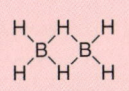

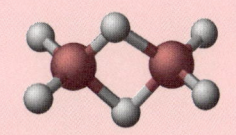

ジボランの構造
3中心2電子結合を含む平面は，外側のB–H結合を含む平面に垂直になっている．外側のB–Hの結合距離は0.119 nm，3中心2電子結合のB–Hの距離は0.137 nm，外側のH–B–Hの結合角は122°，3中心2電子結合のH–B–Hの結合角は97°．

とを，便宜的に表現したのが電子式に現れる共有電子対である．電子式では電子対が常に原子間にあるような印象を与えるが，実際には原子間の電子の存在確率が少し増加しただけである（増加は少しだが，強い結合力となるところが共有結合の特徴）．原子間で電子の存在確率が増加することが，共有結合の本質であることをおさえておきたい．

たとえてみれば，結合前は水素原子 A には二人がけの座席（1s 軌道）があり，1 人分が占められ，1 人分が空席であった．水素原子 B も同様であった．A と B が接近することにより，安定な座り心地のよい場所に，二人がけの座席ができたので，そこに仲よく二人で座るようになったというわけである．

このように原子が接近し，分子になることにより，原子のときの軌道とは別に新しくできる軌道を分子軌道（molecular orbital）という．現在，共有結合は分子軌道の考え方で説明されることが多い．

分子軌道の考え方では，水素分子ができるときに，上に述べた安定な座席と一緒に，不安定な座席も形成されると考える．新しくできた不安定な席は空席にしておくわけである．安定な席は原子でいた状態よりもエネルギーが低くなり，不安定な席は原子状態よりもエネルギーが高くなるが，両者のエネルギーの高低差は等しい．

図 6.2 に示したように原子単独でいるときよりも，安定な（エネルギーの低い）分子軌道を結合性分子軌道，不安定な（エネルギーの高い）分子軌道を反結合性軌道という．H_2 分子の場合，結合性分子軌道に 2 個の電子が入るので，原子でいる状態よりも安定となり，共有結合を生じることになる．分子軌道 1 個に電子 2 個まで収容できる．電子が 2 個収容されるとき電子のスピンは逆向きとなる．電子のスピンの向きは↑や↓で示し，「↑↓」で 2 個が逆向きに入っていることを表す[*4]．

水素は H_2 分子を形成するが，ヘリウムは He_2 分子を形成しない理由は，分子軌道の考え方で明快に説明できる．ヘリウム原子の場合は 1s 軌道に電

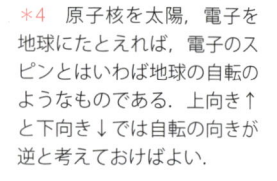

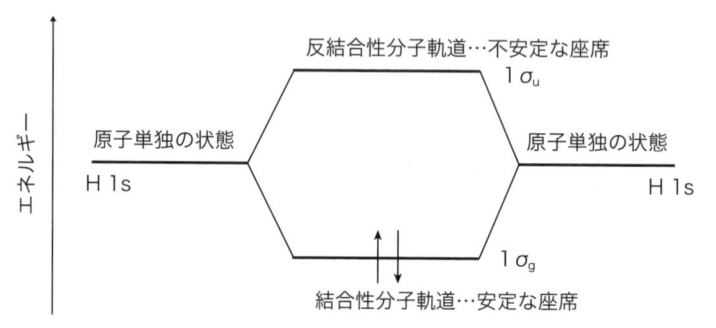

*4　原子核を太陽，電子を地球にたとえれば，電子のスピンとはいわば地球の自転のようなものである．上向き↑と下向き↓では自転の向きが逆と考えておけばよい．

図 6.2 H_2 の分子軌道

u, g は軌道の形の対称性を表す添え字．軌道の形状が点対称である（対称心をもつ）とき g (gerade)，逆に対称心で反転させると波動関数の正負が逆になるとき u (ungerade) の記号を軌道記号の下につけて表す．

図6.3 He₂の分子軌道

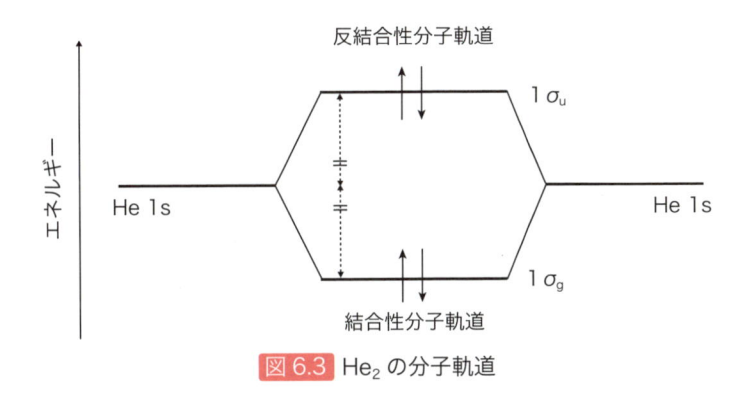

子が2個収容された状態にある．He₂分子を形成すると電子数は合計4個となり，結合性分子軌道だけでなく，反結合性分子軌道にも電子が収容されることになる．結局，結合性分子軌道に入ることによりエネルギー的に得をする分と，反結合性分子軌道に入ることによりエネルギー的に損をする分が，差し引きゼロとなってしまい，He₂分子を形成しても安定ではなくなってしまうのである．このためHeは単独で存在し，He₂分子をつくらない．

column 酸素分子 O_2 は不対電子がないのに常磁性を示す

O_2 分子の電子式は単純に書けて，オクテット則に従うのだが，長い間，謎とされてきたことがあった．O_2 分子は常磁性（磁場と同じ向きに磁化される性質）を示すのである．常磁性を示す物質中には，不対電子が存在すると考えられてきたが，O_2 の電子式には，不対電子は存在しないのである．

:Ö::Ö:

このような謎も，分子軌道の考え方で明快に説明されるようになった．酸素の価電子は2s軌道と2p軌道に収容されている．2個の酸素原子が接近すると，図に示すように，分子軌道が形成される．最後の2個の電子は，両方上向きのスピンの状態で，二つある $1\pi_g$ 軌道に1個ずつ収容されることになる．ほかの電子はスピン上向きと下向きがペアになって入っているので，スピンは打ち消されるが，最後に入る2個は両方上向きなので，スピンが打ち消されない．これが O_2 分子が常磁性を示す理由である．

分子軌道における電子密度，エネルギーを計算する方法を分子軌道法といい，計算にはコンピュータが使用される（紙と鉛筆で計算できるのは限られた条件下での簡単な分子のみである）．コンピュータの発達のおかげで分子軌道法は大きく進展し，分子構造や化学反応の解析に頻繁に使用されるようになっている．

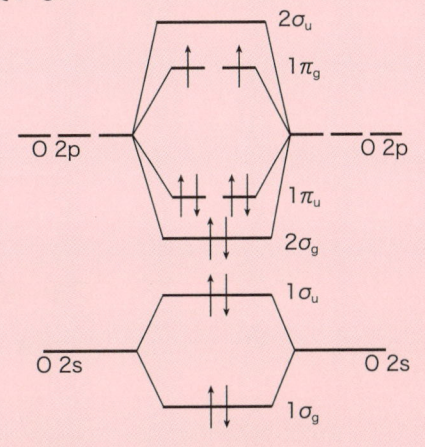

O_2 の分子軌道

$1\pi_g$ 軌道は同エネルギーに二つあり（縮退しているという），スピンが上向きの電子が2個入ることになる．この2個の電子の存在が常磁性を示す理由である．

6.4 電子対反発モデル(VSEPRモデル)

電子対反発モデル(原子価殻電子対反発モデル,VSEPRモデル,valence-shell electron pair repulsive model)は,分子の形を的確に予測する単純明快なすばらしい方法である.これは,「1個の原子の周囲に存在する共有電子対,孤立電子対など電子が集中した高電子密度領域は,互いの反発を避けるため,互いに遠くなる方向に配置する」という考え方である.

表6.1に示すように,高電子密度領域が2個なら互いに反対方向を向き,直線形に配置する.3個なら平面三角形,4個なら四面体(平面四角形ではない),5個なら三方両錐か四角錐,6個なら八面体を形成する.いずれの場合も中心原子が中央に入り,頂点部分に高電子密度領域が配置する形となる(図6.4).

この考え方に基づいて分子の形を考えるときに注意したいのは,孤立電子対の方向には,原子が結合していないということである.原子が存在するのは,共有電子対のある方向である.結合している原子の数と高電子密度領域の数を混同しやすいので注意したい.分子の形はあくまでも原子が結合している部分のみで決まるので,孤立電子対までも含めた配置形とは別の形になる(表6.2).たとえば,水分子は高電子密度領域が4か所あり,四面体形に配置するが,分子の形は,酸素が結合する2か所だけを取りだして見るので,

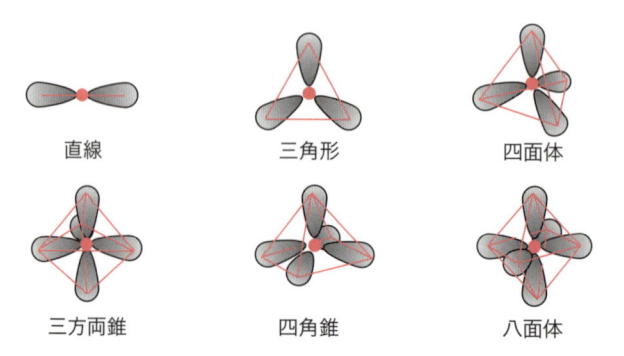

表6.1 電子対反発モデルによる高電子密度領域が配置する形

高電子密度領域(共有電子対,孤立電子対)の数	配置形
2	直線
3	三角形
4	四面体
5	三方両錐,または四角錐
6	八面体

図6.4 電子対反発モデルによる高電子密度領域が配置する形

6.4 電子対反発モデル（VSEPRモデル）

表6.2 高電子密度領域の数と分子の形

高電子密度領域の数	共有電子対の数	孤立電子対の数	分子の形	物質の例
2	2	0	直線	HCN CO_2
3	3	0	平面三角形	BF_3 SO_3 NO_3^- CO_3^{2-}
3	2	1	折れ線	SO_2 O_3 NO_2^-
4	4	0	四面体	CH_4 SO_4^{2-} ClO_4^-
4	3	1	三角錐	NH_3 SO_3^{2-}
4	2	2	折れ線	H_2O
5	5	0	三方両錐	PCl_5
5	5	0	四角錐	$Sb(Ph)_5$ $[InCl_5]^{2-}$
6	6	0	八面体	SF_6 PCl_6^-
6	4	2	平面四角形	XeF_4

ここでは，二重結合，三重結合を形成している場合も共有電子対の数を1と数えた．Phはフェニル基（$-C_6H_5$）をさす．

折れ線形である（図6.5）．

平面三角形が正三角形になるか，四面体形が正四面体になるか，八面体形が正八面体になるかなどは中心原子の周囲の対称性によって決まる．BF_3のようにFという同じ元素が三つ結合していれば正三角形となる．同様に，CH_4やSF_6でも同じ元素が結合しているので対称性が高まり，それぞれ正四面体，正八面体となる（図6.6）．

一方，NH_3やH_2Oは高電子密度領域が4か所あるので，孤立電子対も含めて四面体形をとるが，これは正四面体ではない．正四面体とならないのは，電子対の種類によって反発力が異なるからである．電子対の反発力を大きい順に並べると次のようになる．

孤立電子対どうしの反発力 ＞ 孤立電子対と共有電子対の反発力 ＞ 共有電子対どうしの反発力

共有電子対が関与する反発力よりも，孤立電子対のかかわる反発力のほうが強いため，H_2O分子やNH_3分子では孤立電子対のほうの結合角が大きく

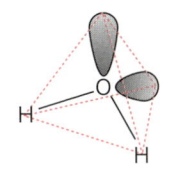

図6.5 H_2Oの例

孤立電子対2組，共有電子対2組の合計4か所の高電子密度領域が存在するので，四面体形の配置となる．孤立電子対，共有電子対は四面体の中央にある酸素原子から頂点方向に向かう．その結果，H_2Oは折れ線形の分子となる．

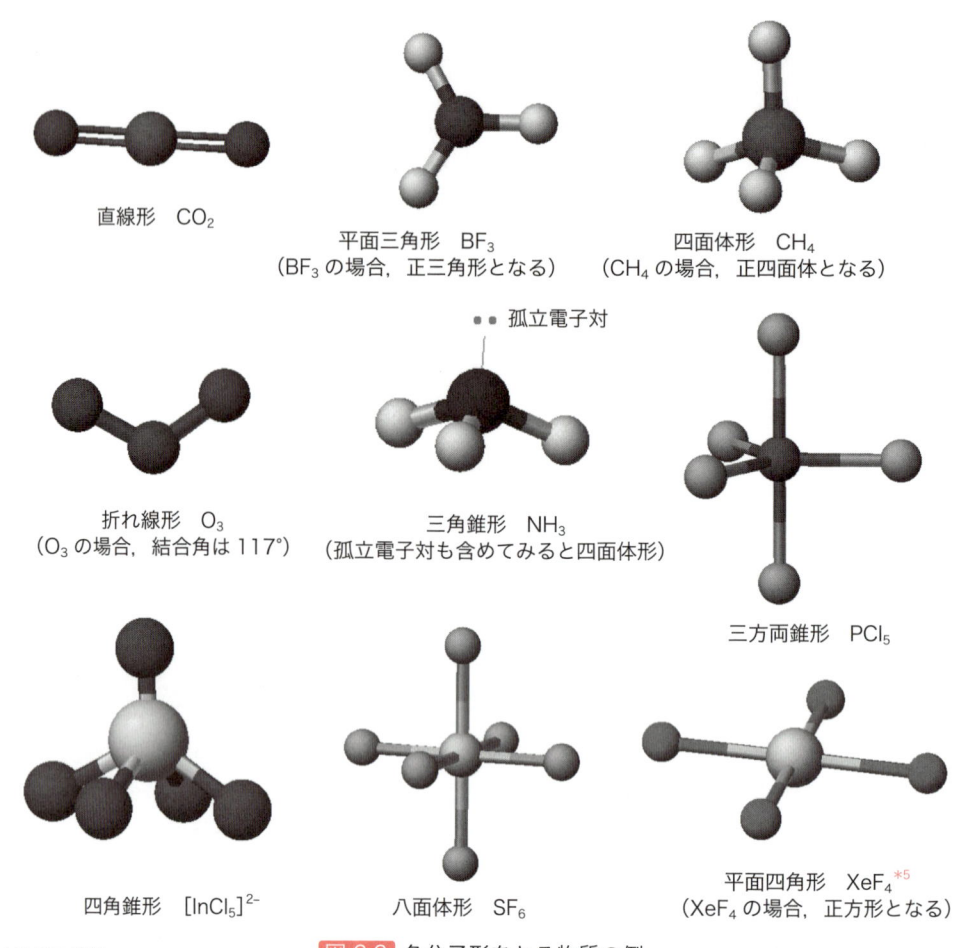

直線形　CO$_2$

平面三角形　BF$_3$
（BF$_3$の場合，正三角形となる）

四面体形　CH$_4$
（CH$_4$の場合，正四面体となる）

・・ 孤立電子対

折れ線形　O$_3$
（O$_3$の場合，結合角は117°）

三角錐形　NH$_3$
（孤立電子対も含めてみると四面体形）

三方両錐形　PCl$_5$

四角錐形　[InCl$_5$]$^{2-}$

八面体形　SF$_6$

平面四角形　XeF$_4$[*5]
（XeF$_4$の場合，正方形となる）

*5 キセノンは希ガスだが，フッ素と化合物をつくることが知られている．

図6.6　各分子形をとる物質の例

なり，実際に原子が結合している共有電子対側の結合角が小さくなる．

　メタンの場合，正四面体の中央（重心位置）にCが配置されるので，H–C–Hの結合角は109.5°である．アンモニアではそれよりも小さくなりH–N–Hの結合角は106.7°，水ではさらに小さくなり，H–O–Hの結合角は104.5°となる（図6.7）．

　このように電子対反発モデルは，分子の形だけでなく，結合角の大小関係

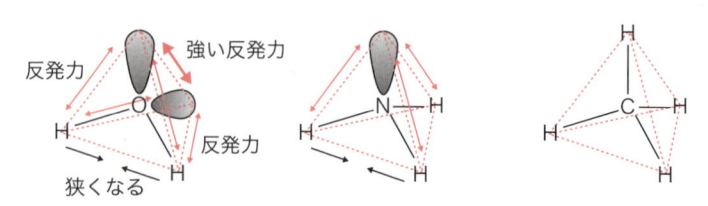

図6.7　結合角がH–C–H > H–N–H > H–O–Hとなる理由
孤立電子対のある部分は反発力が強いので，共有電子対側の結合角が狭くなる．

も説明できる非常に有用な考え方である．しかし，このモデルに従わない分子も一部存在することにも注意しておきたい．

column　フラーレンとカーボンナノチューブ
ユニークな構造の新しい炭素分子

　ほんの一昔前の化学の教科書には，炭素の同素体としてダイヤモンド，黒鉛（グラファイト），無定形炭素（すす）が載っているだけだったが，最近の教科書にはこれらに加えて，フラーレンと呼ばれる物質まで載るようになった．

　フラーレンはC_{60}，C_{70}などの分子式をもった球状の炭素分子である．C_{60}の分子式をもつフラーレンはサッカーボールの模様と同じ構造をもつ（図）．つまり，五角形12個と六角形20個を貼りあわせた構造で，五角形のまわりには六角形が5個接し，六角形のまわりには六角形と五角形が交互にそれぞれ3個接している．この構造は究極の対称性をもつとされ，C_{60}は「最も美しい分子」と呼ばれている．

　C_{60}分子内の炭素どうしの結合は共有結合であり，C_{60}の固体粉末はC_{60}分子がファンデルワールス力により集まったものである．

　C_{60}は1985年に米国のスモーリーらによって発見され，一躍有名になるのだが，その15年前の1970年，日本の大澤映二によってすでにその存在が理論的に予測されていた（『化学』，化学同人発行，1970年9月号，25巻，854頁）．大澤は満足なコンピュータがない時代に手回し計算機で分子軌道計算を行い，C_{60}が安定に存在することを予測したのである．

　フラーレンの研究が世界各地で成果をあげつつあった1991年，飯島澄男によって球状のフラーレンとは異なるチューブ状構造の炭素分子が発見された．彼はフラーレンの合成装置から得られる物質のうち，フラーレンが含まれるとされるススではなく，フラーレンがないと考えられていた電極上の堆積物に注目したという．電子顕微鏡で精密に解析した結果，炭素の層が筒状に丸まってできた非常に細くて長い「カーボンナノチューブ」を発見したのである．

　科学における大発見は偶然によるものの場合が多い．重要なのは，偶然の発見を見逃さず，その価値を正しく見抜く能力である．たとえ，それが本来の目的とは異なるものであってもである．そういう能力のことをセレンディピティ（serendipity）と呼んでいる．

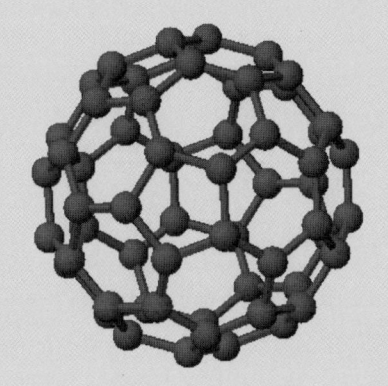

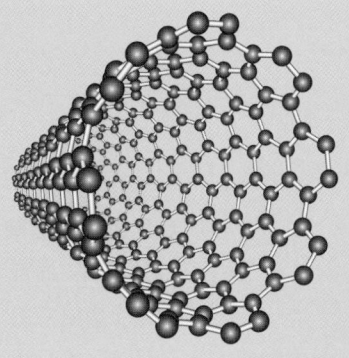

フラーレン（C_{60}）の構造　　　　カーボンナノチューブの構造の例

6.5 ファンデルワールス力と水素結合

6.5.1 ファンデルワールス力(分子間力)

　分子から構成される物質中では，分子と分子の間に，非常に弱い引力が働いている．この弱い引力をファンデルワールス力(分子間力)と呼ぶ．ファンデルワールス力は，共有結合，イオン結合などに比較すると2桁～3桁小さい力で，気体のように分子と分子が離れて存在している状態ではほとんど無視できる大きさである．

　分子がファンデルワールス力により集合してつくった結晶を分子結晶という．二酸化炭素 CO_2 の固体状態であるドライアイス，防虫剤として用いられるナフタレン $C_{10}H_8$ が分子結晶の代表例である．ファンデルワールス力は，共有結合，イオン結合に比較して非常に弱いため，分子結晶はイオン結合性結晶(イオン結晶)，共有結合性結晶に比較して，やわらかく，融点，沸点が低い．また，昇華(固体から液体を経由せずに気体に変化する現象，または逆に気体が液体を経由せずに固体に変化する現象)する性質をもつ物質が多い．

　融解や沸騰は，温度上昇による分子の熱運動により，分子どうしが引き離されたときに起こるので，ファンデルワールス力の大きな分子のほうが融点，沸点は高くなる．一般に分子量の大きい分子のほうがファンデルワールス力は大きくなるので，融点，沸点は高い．分子式 C_nH_{2n+2} で表される炭化水素(アルカン)で比較した場合，分子量が大きくなるにつれて融点，沸点は高くなる傾向が見られる(表6.3)．

表6.3 アルカンの融点と沸点

物質	分子量	融点(℃)	沸点(℃)
メタン CH_4	16.0	−182.5	−161.7
エタン C_2H_6	30.1	−184	−89
プロパン C_3H_8	44.1	−187.7	−42.1
ブタン C_4H_{10}	58.1	−135	−0.5
ペンタン C_5H_{12}	72.2	−129	36
ヘキサン C_6H_{14}	86.2	−100	69

6.5.2 水素結合

　分子間に通常のファンデルワールス力よりも強い引力が働く場合がある．分子を構成する原子の電気陰性度に差があり，分子が分極すると，分子の間にファンデルワールス力だけでなく，分極した原子間のクーロン引力が作用するようになる．この現象は,電気陰性度のきわめて大きいF原子，O原子，

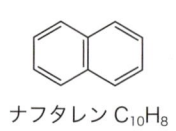

図 6.8 水素結合の例

N原子のいずれかとH原子との結合が分子内にある場合に，とくに顕著である．この三つの場合に，分子間に生じる結合を水素結合と呼ぶ．

たとえば，フッ化水素HFでは，Fの電気陰性度がHに比べて大きいため，電子がHからFに引き寄せられて分極し，Fが負電荷，Hが正電荷に帯電している状態になる．その結果，分子間のHとFの間にクーロン引力が生じて水素結合となる．H_2O 分子，NH_3 分子の場合も同様に，分子間のHとO (N)の間にクーロン引力が働き，水素結合を生じる(図6.8)．

水素結合は液体や固体の状態で生じる．水素を介するという意味で水素結合の名がつけられているが，水素が分子内にあれば必ず水素結合が生じるわけではない．HF分子，およびH–O, H–Nのいずれかの部分構造が分子内にある場合にのみ，分子間に水素結合が生じる．水に限らず，O–Hの部分構造があればアルコールやカルボン酸でも分子間に水素結合が見られる．

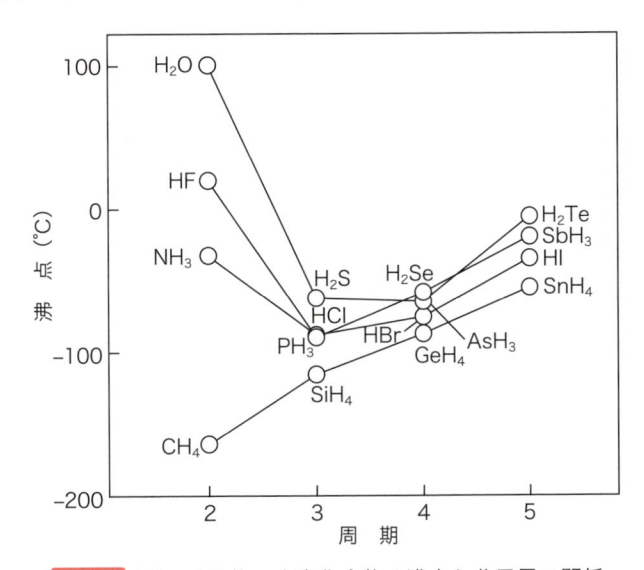

図 6.9 14〜17族の水素化合物の沸点と分子量の関係

水素結合は分子間に働く引力の特別な例といえる．水素結合がある分子は，水素結合のない分子に比べて沸点，融点が著しく高くなる．図 6.9 に 14〜17 族の水素化合物の沸点の例を示した．水素結合のない水素化合物は，分子量が小さくなるにしたがって沸点が低くなっているが，水素結合のある H_2O，HF，NH_3 は，その分子量から予測される沸点よりも，著しく高い沸点を示している．

H_2O の分子量から予測される沸点は $-70\,°C$ 前後であるが，実際には沸点は $100\,°C$ である．地球上に水が安定に存在し，水を媒体とする生命が誕生したのもすべてこの水素結合のおかげといえる．

水素結合には強い方向性があり，分子間に水素結合を生じるときには特定の決まった方向を向く．氷の H_2O 分子間に生じている水素結合も特定の方向を向き，氷の結晶構造をつくりあげている．氷が水よりも軽いのは，水素結合のために比較的隙間の多い結晶構造となっているからである．水素結合は DNA，RNA，タンパク質，合成高分子などの立体構造にも深く関与している．

章末問題

1．次の分子，イオンの電子式を記せ．
   H_2O_2, NH_4^+, C_3H_8, Cl_2

2．次の分子の形を述べよ．
   H_2O, CO_2, CH_4, NH_3, SO_2

3．水素は H_2 分子を形成するが，ヘリウムは He_2 分子を形成せず，単原子分子 He で存在する．この理由を，分子軌道を使って説明せよ．

4．一般に分子量の大きい分子のほうが沸点が高い理由を簡潔に説明せよ．

5．H_2O，HF，NH_3 の沸点が，同程度の分子量をもつ CH_4 などに比べてきわめて高い理由を説明せよ．

第7講

化学結合2　金属結合とイオン結合

第6講でも述べたように，化学結合を構成する力は，正電荷と負電荷の引き合うクーロン引力で最終的に説明できる．イオン結晶は衝撃を加えると割れやすいが，金属結晶（金属）は展性，延性をもつので，割れずに広がったり，延びたりする．このような性質の違いも，クーロン引力を使って明快に理解することができる．ここではイオン結合と金属結合，さらに，これら二つの結合が構成する結晶の違いについて見ていこう．

7.1　金属結合と金属結晶

　金属の価電子は，自由に原子核の間を動き回っている状態にある．これを自由電子という．金属は自由電子のおかげで電気と熱をよく導く性質をもっている．正電荷をもつ原子核の間に，負電荷をもつ自由電子が海のように存在するので，正負正負正負…といった互いに引き合う配置になり，引力を生じる．これが金属結合である．金属結合のみにより生じている結晶を，金属結晶または金属という．

　金属に衝撃を加えても，自由電子が自由に動いて常に原子核の間に入り込む状態となるので，金属は壊れずに変形する．この性質のため，圧力をかけることで箔のように薄く広げることができ（展性），引っ張ることで細い線状に伸ばすこともできる（延性）[*1]．

　金属が光沢をもつのも，入射した光に対応して，自由電子が同じ波長の光を反射光として発するからである．

　金属中では自由電子が原子核の間を自由に動いているが，金属中に電流が流れるときには，自由電子が原子核に衝突し，動きが妨げられる．これが電気抵抗[*2]の原因である．金属の温度が上がると自由電子の動きが速くなり，

[*1] 1 gの金を線状に伸ばした場合，最高で約2.8 kmの長さにすることができる．また，薄い箔状に広げた場合は，約1 m^{2}に広げることができる．

[*2] 物質の抵抗は導線としての長さに比例し，断面積に反比例する．物質の電気抵抗を比較するために，一定長さ，一定断面積の抵抗の値に換算したものを抵抗率と呼ぶ．断面積 S (cm^2)，長さ l (cm) の導線の電気抵抗が R (Ω) とすると，その物質の抵抗率 ρ (Ωcm) は，$R = \rho\,(l/S)$ である．抵抗率の逆数を電気伝導率（導電率）と呼び，σ (Ω^{-1} cm^{-1}) で表す．

衝突する回数も増加するので電気抵抗が増加する．

7.2 金属結晶中の球の充填

金属で最も重要なのは結晶構造である．金属中の金属原子を剛体球（変形しない球）とみなして，それが金属中でどのように配列しているかを考えていこう．金属の場合はイオン結晶と異なり，一種類の金属原子で構成される場合がほとんどである．

7.2.1 最密充填

剛体球としてパチンコ玉（ビー玉でもよい）をイメージしてほしい．箱のなかに多量のパチンコ玉を流し込んだとき，パチンコ玉は自然に最も隙間の少ない構造（最密充填構造）になって配列している．パチンコ玉の配列する平面を一つ取りだすと，必ず隣接する3個が正三角形をなすように配列している．図 7.1 (a) のように正三角形が二つつながったひし形を考えてもよい．(b) に示したように，正方形をつくるようには配列しないことに注意する．正三角形をつくるほうが隙間が少ないからである．

一つの平面を取りだすと，上に述べたように正三角形をつくるように原子が並んでいる．では，この上に配列する原子はどこに位置するか，下に配列する原子はどこに位置するかが問題となる．隙間をできるだけ少なくするには，三つの原子に囲まれたくぼみの部分（△や×）に乗るようにすればよい．

元の平面のように原子が配列する面を A，△の場所に原子が配列する面を B，×の場所に原子が配列する面を C と呼ぶことにする．

ABABABAB…のように，A と B の繰り返しで原子面が積み重なる場合を，六方最密格子と呼び，単位格子は図 7.2 (a) に示すように六角柱で表される．

一方，ABCABCABCABC…のように，A,B,C の繰り返しで原子面が積み重なる場合を，立方最密格子と呼ぶ．この格子は見る方向を変えて，単位格子を立方体にすることができるので，面心立方格子とも呼ばれる．立方体の対角線方向が，ABC の積み重なる方向である．

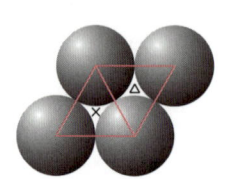

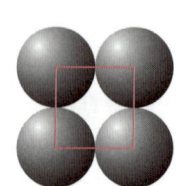

(a) こうなる　　(b) こうはならない

図 7.1 最密充填のときの基本構造
(a) のようにひし形，正三角形をつくるように配列する．(b) のように正方形をつくるようには配列しないことに注意．

7.2 金属結晶中の球の充填

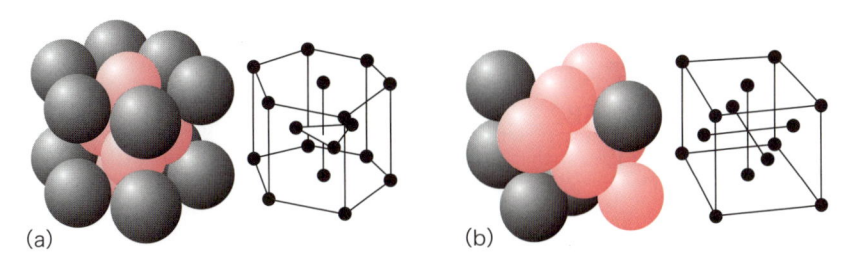

図7.2 (a)六方最密充填の単位格子(ABABAB…)と
(b)立方最密充填の単位格子(ABCABCABC…)

立方最密格子の単位格子は立方体となり，面心立方格子とも呼ばれる．実際の結晶では，この図に示した構造と同じものがこの図の上下左右前後に繰り返されている．このように，繰り返すと結晶ができあがる単位を単位格子という．

最密充填構造では，六方最密格子，立方最密格子とも，配位数が12である．図7.2 (a) の正三角形と同様なものを周囲に描いて理解してほしいが，一つの原子を中心にとると，同一平面に6個，上面に3個，下面に3個の合計12個の原子が接している．最密充填における充填率(結晶の空間中で原子が占める体積，つまり隙間以外の部分の体積の割合)は74%である．

六方最密格子をとる金属として，マグネシウムMg，亜鉛Znなどが知られ，立方最密格子をとる金属として，アルミニウムAl，銅Cu，銀Agなどが知られている．

7.2.2 最密充填以外の構造

最密充填以外の結晶構造として，体心立方格子が重要である（図7.3 a）．体心立方格子は配位数が8，充填率は68%である．ナトリウムNa，鉄Feなどは体心立方格子をとる．また，最も単純な結晶格子として，単位格子の頂点だけに原子が配置する単純立方格子も存在する（図7.3 b）．単純立方格子をとる金属は少なく，常温常圧下ではポロニウム(α-Po)のみである．

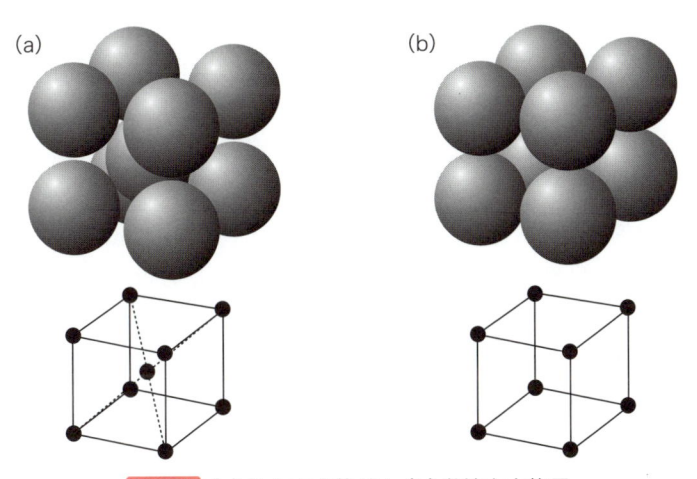

図7.3 (a)体心立方格子と(b)単純立方格子

■**例題**■ 平面状の原子の配列を A, B, C で表すとき，次の充填の形式のうち最密充填にならないものはどれか．
① ABCABCABCABC…　　② ABCCBAABCCBA…
③ ABABABAB…　　　　④ ABBAABBA…

解答 ②，④

【解説】積層する際には，原子に囲まれたくぼみにその上下の層の原子が乗る必要がある．同じアルファベットの層が続いた場合，原子が同じ位置に重なってしまい，くぼみに入らないので最密充填にはならない〔②，④〕．上下に異なるアルファベットの層がきた場合，最密充填となる〔①，③〕．

■**例題**■ 次の結晶構造の配位数を答えよ．
① 面心立方格子　　② 六方最密格子　　③ 体心立方格子
④ 単純立方格子

解答 ① 12　　② 12　　③ 8　　④ 6

【解説】最密充填では配位数が 12 となる．体心立方格子は体心の原子に注目すると，体心の原子は頂点にある 8 個の原子に接している．単純立方では上下左右前後にある 6 個の原子に接している．

7.3　イオン結合

　正の電荷をもつ陽イオンと，負の電荷をもつ陰イオンの間に作用するクーロン引力(静電引力)によって生じる結合をイオン結合という．周期表の左側に位置する陽イオンになりやすい元素と，周期表の右側に位置する陰イオンになりやすい元素(希ガスを除く)が化合物をつくるときに，イオン結合が形成されることが多い．

　代表的な例は NaCl（食塩，塩化ナトリウム）である．NaCl 中では Na^+ と Cl^- が隣接する配置で規則正しく配列し，Na^+ と Cl^- の間にイオン結合が生じている(図 7.4)．

　共有結合とイオン結合を比べた場合，いくつか重要な違いがある．共有結合の場合は，結合の方向が決まっていて，結合の向きが変化することはなかった．たとえば，酸素原子が中心の場合は，二つの結合が必ず折れ曲がった方向（105°前後）にでるし，炭素原子が単結合をする場合は 109.5°の結合角で

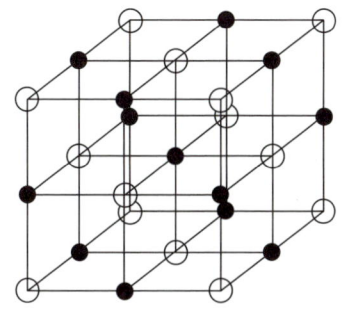

● 陽イオン，○ 陰イオン

図 7.4 NaCl の結晶構造
Na^+ の上下左右前後の 6 か所に Cl^- が接し，同様に Cl^- の上下左右前後の 6 か所に Na^+ が接している．陽イオンと陰イオンを入れ替えても同じ構造である．

正四面体をつくるように四つの結合がでた．共有結合の場合，ほかの方向を向くと結合力が弱くなってしまうのである．これを，共有結合には方向性があるという．

逆に，イオン結合には方向性がないといえる．クーロン引力は正電荷と負電荷の距離には依存するが，方向は関係ないからである．結合の角度がどのような角度になろうと，クーロン引力は変わらない．だから，イオン結合で結晶ができる場合，陽イオンには空間的に許される限りできるだけたくさんの陰イオンが接するし，陰イオンには陽イオンができるだけたくさん接する．

7.4 イオン結晶の性質

陽イオンと陰イオンが規則正しく配列し，イオン結合だけの結合力で一つの物質の固まりを形成しているとき，その固まりをイオン結晶（イオン結合性結晶）という．

イオン結晶は硬いが，外力が加わると割れやすい（もろい．図 7.5）．一部の例外を除いて，イオン結晶自体は電気を通さない[*3]．しかし，溶融状態にしたり，水に溶かしたりすると電気を通すようになる．

[*3] 電気を通すイオン結晶は少数派だが，電池内部の電解質，液晶テレビのガラス表面，ガスセンサーなどに用いることができ，非常に役立つので，あらゆる研究機関で精力的に研究が進められている．イオン自体が固体内部を動いて電気を導くタイプや，イオン結晶中の電子が導くタイプなどがある．

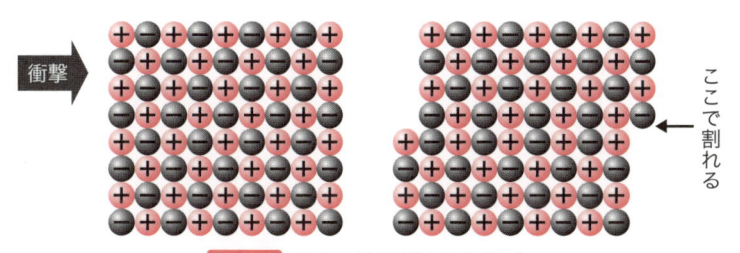

衝撃　　　　　　　　　　　　ここで割れる

図 7.5 イオン結晶がもろい理由
外部からの衝撃でイオンの位置がずれると，それまでの陽イオンと陰イオンが引き合う配置が，陽イオンと陰イオンが反発しあう配置になってしまう．

共有結合のみの結合力で原子が規則正しく配列して，一つの物質の固まりを形成しているときは，共有結合性結晶という．共有結合性結晶の例はきわめて少なく，ダイヤモンドが代表例である．共有結合性結晶はきわめて硬いという性質があり，ダイヤモンドは最も硬い物質である．この場合，「硬い」とは固体どうしをこすりあわせたときに傷つきにくいという意味であり，たたいても割れないという意味ではない．実際に鉄板の上でダイヤモンドを金づちでたたくと粉々に割れる．硬いガラスにやわらかいゴムボールが当たって割れるのと同じ理屈である．

7.5 イオン結晶を安定化するエネルギー ——融点，溶解度を左右するイオン結合の強さ

7.3 で見たように，イオン結合は陽イオンと陰イオンが引き合うクーロン引力によって生じている．このクーロン引力の効果が大きければ大きいほど，イオン結晶は安定化し，融点が高くなったり，別の物質に変化しにくくなる．

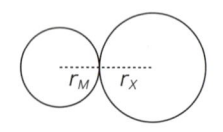

これまで陽イオン，陰イオンをそれぞれ剛体球として考えてきた．これら剛体球どうしが接触し，クーロン引力により安定化される場合，電磁気学では，クーロン引力はそれぞれの球の中心から作用すると考える．

陽イオン，陰イオンの半径をそれぞれ r_M，r_X，価数を n_1，n_2，電子 1 個のもつ電気素量を e，k を比例定数とすると，クーロン引力の強さ F は

$$F = k \frac{n_1 n_2 e^2}{(r_M + r_X)^2} \tag{7.1}$$

で表される．

このクーロン引力により生じるイオン結合のエネルギー（結合により安定化されたエネルギー）を V^{*4} とすると，V は

*4 エネルギー V は低いほうが安定である．

$$V = -k \frac{n_1 n_2 e^2}{r_M + r_X} \tag{7.2}$$

と表される．

V と F では分母の形が異なり，F は力（N）で，V はエネルギー（J）であることに注意する．イオン結合の力が大きければ，イオン結合のエネルギーも

低くなる(安定になる)ので同じことになるが，イオン結晶の安定性に関与するのは厳密には力ではなく，エネルギーのほうであることに注意してほしい．

配位数が大きくなれば，クーロン引力の効果も比例して増えるので，配位数に比例してイオン結合のエネルギー（式7.2）は低くなり，より安定な結晶となる．

式(7.2)から，以下の条件を満たすものが安定なイオン結晶になるといえる．

・陽イオンの価数と陰イオンの価数の積が大きい
・陽イオンと陰イオンの半径の和(イオン結合距離)が小さい
・配位数が大きい

厳密には最も近い位置にある反対符号のイオンだけでなく，2番目に近い位置にある同符号のイオン（反発するので不安定化の要因になる），さらに3番目に近い位置にある反対符号のイオンというふうに，近いほうから順にすべてをエネルギーの計算に含める必要がある．これがマーデルング定数(Madelung constant)の考え方である．単純な結晶構造であれば，等比級数を使って計算することができる．

表7.1にイオン結晶の配位数，結合距離，格子エネルギー，融点の比較を示した[*5]．格子エネルギーはイオン結晶を構成するエネルギーであり，気体状態にある陽イオン，陰イオンとのエネルギーの差を示す．結合距離が短く

[*5] 表7.1の格子エネルギーは式(7.2)のエネルギーの絶対値を示している．表7.1の格子エネルギーは高いほうが安定．

表7.1 イオン結晶の配位数，イオン結合距離，格子エネルギー，融点の比較

化合物	配位数	結合距離(nm)	格子エネルギー(kJ/mol)	融点(°C)
NaF	6	0.231	909	995
NaCl	6	0.282	771	808
NaBr	6	0.298	733	747
NaI	6	0.323	697	660
KF	6	0.267	807	856
KCl	6	0.314	701	772
KBr	6	0.329	670	734
KI	6	0.353	641	685
CsF	6	0.301	733	684
CsCl	8	0.345	646	626
CsBr	8	0.372	610	636
CsI	8	0.395	589	621
MgO	6	0.210	3760	2825
CaO	6	0.240	3371	2572
SrO	6	0.257	3197	2430
BaO	6	0.276	3019	1923

なるにつれて格子エネルギーが大きくなり，融点が高くなる傾向が見られる．また，価数が2価どうしで結合したイオン結晶は，1価どうしのものに比べて格子エネルギーが桁違いに大きく，融点がきわめて高い．

結合距離が小さく，陽イオンと陰イオンの価数の積が大きいMgO(融点2825 ℃)やAl$_2$O$_3$(融点2054 ℃)は，耐熱材料として用いられている[*6]．

*6 BeOはMgOより結合距離は短いが，4配位なので融点2570 ℃である．BeOは以前，耐火レンガに用いられたが，毒性が問題となり，国内では製造禁止となっている．

次に水への溶解度を見てみよう．イオン結晶が水に溶けるかどうかは，イオン結晶で陽イオン，陰イオンが格子を組んでいる状態と，陽イオン，陰イオンが水分子で水和された状態とどちらが安定かで決まる．

陽イオン，陰イオンが格子を組んでいるときにどの程度，安定化されるかは，式(7.2)で見たとおり，イオン半径を使った次の式に比例する．

$$\frac{1}{r_M + r_X} \tag{7.3}$$

一方，水和によって陽イオン，陰イオンがどれだけ安定化されるかについては，陽イオン，陰イオンは別々に水和されることから，次式に比例すると考えてよい．

$$\frac{1}{r_M} + \frac{1}{r_X} \tag{7.4}$$

式(7.4)を少し変形して

$$\frac{r_M + r_X}{r_M \cdot r_X} \tag{7.5}$$

とする．

$r_M + r_X$ が一定のもとで考えることにする．$a = r_M + r_X$ とおくと，$r_M \cdot r_X = r_M(a - r_M)$ が最大値をとるのは $r_M = a/2$ のときである．このとき式(7.4)は最小値となり，水和による安定の度合いが最小，すなわち最も水に溶けにくくなる．

つまり，陽イオンと陰イオンの半径の差が大きい化合物は水和による安定度が増し，水に溶けやすい．逆に，陽イオンと陰イオンの半径が近ければ，水和による安定度は小さくなり，水に溶けにくくなる(沈殿しやすい)．

たとえば2族の硫酸塩を，周期表の上から順に見ていこう．MgSO$_4$は水によく溶ける．CaSO$_4$は溶解度〔100 gの水に溶ける溶質の質量(g)〕が0.298 (20 ℃)で，SrSO$_4$では溶解度が0.011とさらに1桁小さくなり，BaSO$_4$は0.000285である[*7]．硫酸イオンの大きさは半径0.14 nm程度で，イオン半径がMg^{2+} 0.072 nm, Ca^{2+} 0.100 nm, Sr^{2+} 0.118 nm, Ba^{2+} 0.135 nmと硫酸イオンに近づくにつれ，溶解度が減少したと考えることができる．

*7 硫酸バリウムBaSO$_4$は，水に溶けにくいことと原子番号が大きいことを利用して，胃のレントゲン撮影のときの造影剤に使用される．一般にバリウムを飲むというのは硫酸バリウムのことである．

以上の溶解度の議論はイオン結晶の場合に適用される話であり，共有結合性を含む塩には適用できないことに注意してほしい．一般に共有結合性が増せば水には溶けにくくなる．また，弱酸が塩をつくる場合も，一般的に水に溶けにくい．これらは上記の議論とは別に考える必要がある．

7.6 イオン結晶の構造は何で決まるか？──限界イオン半径比

　NaClとCsCl（塩化セシウム）は両方ともアルカリ金属の塩化物である．アルカリ金属はみな似た性質をもつので，塩化物であるNaClとCsClも同じ結晶構造をとるのではと思いがちである．しかし，CsClは図7.6に示すような結晶構造をとる．NaClとCsClの結晶構造が異なる理由は簡単である．結晶構造は，結晶中での陽イオンと陰イオンの半径の比によって決まるからである．ここではこの理由について考えてみよう．

　7.3で見たように，イオン結晶はクーロン引力で形成されるので，空間的に許される限り，陽イオンにはできるだけたくさんの陰イオンが接するほうが安定し，陰イオンにもできるだけたくさんの陽イオンが接するほうが安定である．あるイオンに接しているイオンの数の合計を配位数というが，配位数が多いほうが安定といえる．図7.4に示したNaCl型構造は，配位数が6である．NaCl型の場合は，陽イオンに接する陰イオンの配位数も6で，陰イオンに接する陽イオンの配位数も6である．組成式を見てわかるように，NaClは陽イオンと陰イオンの数が等しいので，それぞれの配位数も同じ数となる（同じにならないと計算が合わなくなる）．一方，図7.6に示したCsCl型構造は陽イオン，陰イオンとも配位数が8である．構造的には，CsClのほうが安定である．

　では，なぜNaClはCsClのように8配位の結晶構造になれないのだろうか．イオン半径を見てみると，Na^+は0.102 nm，Cs^+は0.174 nm，Cl^-は0.181 nmである．Cs^+はCl^-に近い大きさだが，Na^+はCl^-よりもだいぶ小さい．

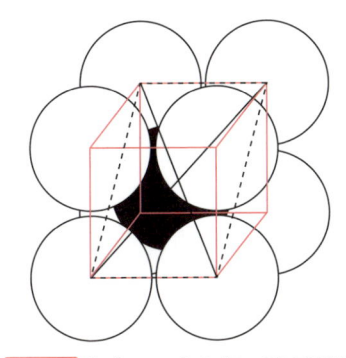

図7.6　塩化セシウム（CsCl）型構造

このため Na$^+$ を中心にした場合，Cl$^-$ が互いに邪魔しあって，たくさん接することができないというイメージである．

このあたりをもう少し幾何学的に考えてみよう．

まず，陽イオン，陰イオンは球体と考える．さらに，結晶中では陽イオンと陰イオンが接するが，陰イオンどうしが接することはないと考える．そうすると，8配位の CsCl 型構造で許される陽イオンの大きさはどれくらいになるだろうか．

図 7.6 の単位格子を斜めに切断する面（図中の点線で囲まれた長方形）を考えよう．この長方形の長いほうの辺は，短い辺の $\sqrt{2}$ 倍である．図 7.7 に示すように，陽イオンと陰イオンの半径が近いときには，陽イオンと陰イオンが接しているが，陽イオンが小さくなるにつれて，陰イオンどうしが接触しはじめて，不安定な構造になってしまう．図 7.7 (b) のように，陽イオンと陰イオンが接触し，かつ陰イオンどうしが接触したときの，陽イオンと陰イオンの半径の比（陽イオン半径／陰イオン半径）を限界イオン半径比という．陽イオンと陰イオンの比が，限界イオン半径比よりも小さくなれば，より低い配位数の構造をとるようになる．

図 7.7 (b) をもとに，8配位のときの限界イオン半径比を求めてみよう．陰イオンの中心を通る直角三角形を考えると，直角三角形は立方体の断面の一部だから，三辺の長さの比は $1:\sqrt{2}:\sqrt{3}$ である．斜辺の長さは陰イオン半径2個分＋陽イオン半径2個分，最も短い辺の長さは陰イオン2個分である．式にすると，

$$1:\sqrt{3} = 2\,r_X : (2\,r_M + 2\,r_X)$$
$$r_M/r_X = \sqrt{3} - 1$$
$$= 0.732$$

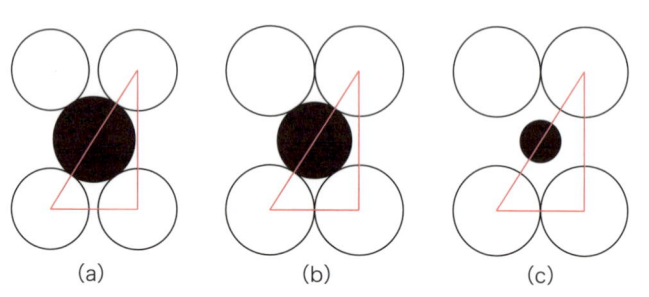

図 7.7 CsCl 型構造（8配位）における陽イオン●と陰イオン○の空間配置
（図 7.6 の点線で囲まれた長方形の部分）
(a)のように陽イオンと陰イオンが接している状態が通常の状態．陽イオンが小さくなっていき（陽イオン半径／陰イオン半径が小さくなっていき），(b)のように，陽イオンと陰イオンが接しながらも陰イオンどうしが接触した状態が，この構造をとる限界のイオン半径になる．(b)の限界イオン半径を超え，(c)のように陽イオンと陰イオンが離れてしまった状態の構造はとれないので，低い配位数の構造をとるようになる．

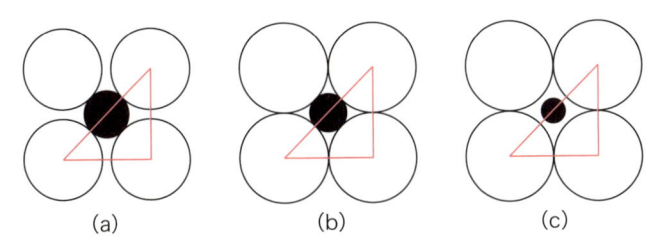

7.6 イオン結晶の構造は何で決まるか？

図 7.8 NaCl 型構造（6 配位）における陽イオン●と陰イオン○の空間配置
平面上の 4 個の陰イオンだけを取りだしてある．(a)が通常の配置，(b)が限界イオン半径比の状態，(c)がありえない不安定な構造．

すなわち $r_M/r_X = 0.732 \sim 1$ の範囲なら，結晶構造は 8 配位の CsCl 型となる[*8]．$r_M/r_X = 0.732$ を下回ると，6 配位の NaCl 型構造となる．

6 配位の NaCl 型構造にも，もちろん限界イオン半径比が存在する．NaCl 型構造では陽イオンの上下左右前後の 6 方向に陰イオンが配置するが，そのうち左右前後の 4 方向だけを取りだして考えよう．図 7.8 (b) が限界イオン半径比の状態だが，図中の直角 2 等辺三角形の辺の比から

$$\sqrt{2} : 1 = (2\,r_M + 2\,r_X) : 2\,r_X$$
$$r_M/r_X = \sqrt{2} - 1$$
$$= 0.414$$

$r_M/r_X = 0.414 \sim 0.732$ の範囲にあれば，6 配位の NaCl 型構造となる．

[*8] イオン結晶では 8 を超える配位数のものは存在しない．一方，金属結晶の配位数の最高値は最密充填のときの 12 である．

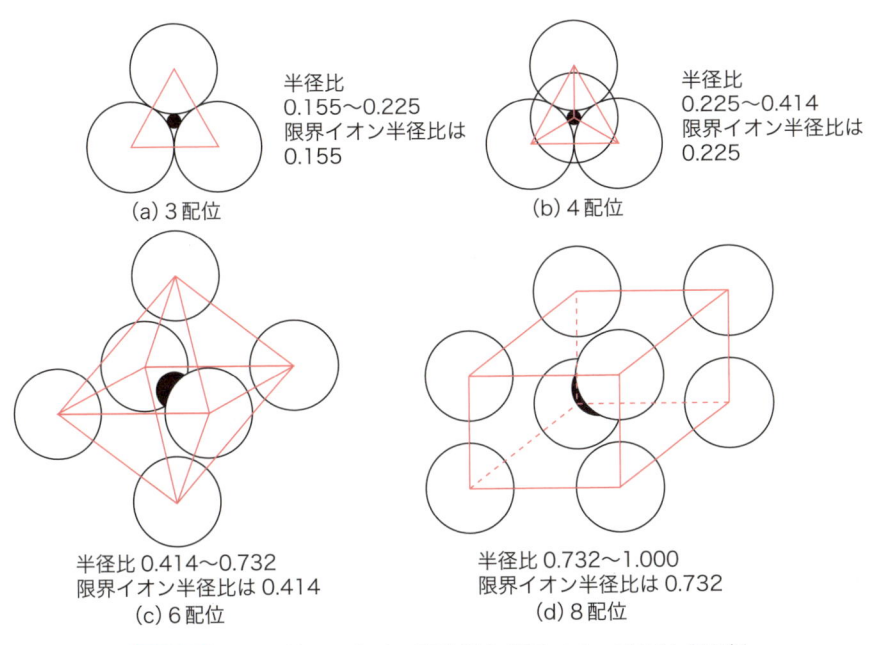

半径比 0.155～0.225
限界イオン半径比は 0.155
(a) 3 配位

半径比 0.225～0.414
限界イオン半径比は 0.225
(b) 4 配位

半径比 0.414～0.732
限界イオン半径比は 0.414
(c) 6 配位

半径比 0.732～1.000
限界イオン半径比は 0.732
(d) 8 配位

図 7.9 イオン結晶における配位数と限界イオン半径比の関係

*9 一部の金属酸化物の結晶には，イオン結合性だけでなく，共有結合性もある．イオン半径の比から決まる配位数と，第6講で述べた共有結合性からの要請で決まる配位数（構造）が一致した場合，その酸化物はきわめて安定な構造となる．水晶 SiO_2 はイオン半径比からも，共有結合性からも4配位となるので，きわめて安定でほかの物質に変化しにくい．

$r_M/r_X = 0.414$ を下回ると4配位[*9]になり，さらに4配位の限界イオン半径比を下回ると3配位となる（図7.9）．

7.7 結晶の性質

化学結合によりイオン，分子が立体的に規則正しく配列して形成したかたまりを結晶という．1個のかたまりのなかの全領域でイオン，分子が規則正しく配列しているものを単結晶と呼び，非常に小さな結晶がたくさん集合してできたかたまりを多結晶と呼ぶ．ダイヤモンドは単結晶であり，食塩の一つ一つの小さい粒は単結晶である．固体のなかには，ガラスのように原子の配列が規則的でなく，非晶質（アモルファス）と呼ばれるものもある．

表7.1 に，化学結合の種類別に結晶の性質をまとめた．

*10 半導体回路の基板には，熱をよく逃がし，電気を通さない性質が要求される．共有結合性結晶の電気を通さず，熱をよく通す性質はこの用途に最適である．

表7.1 結晶の性質

	共有結合性結晶[*10]	イオン結晶	金属結晶	分子結晶
融点，沸点	高い	高い	高い（例外：水銀，アルカリ金属）	低い（昇華するものが多い）
硬さ	硬い	硬いが割れやすい	原則として硬い．展性，延性がある	やわらかくて，もろい
電気伝導性	小さい	小さい（融解状態，水溶液では大きい）	大きい	小さい
熱伝導性	大きい	小さい	大きい	小さい

章末問題

1．体心立方格子，面心立方格子，NaCl 型構造，CsCl 型構造をそれぞれ図示せよ．

2．体心立方格子，面心立方格子，NaCl 型構造，CsCl 型構造の配位数はそれぞれいくらか．

3．体心立方格子の充填率が68%，面心立方格子の充填率が74%であることを計算で示せ．

4．金は展性が大きく，1 g の金を 1 m² にまで広げることができる．この薄い金箔の厚み方向には原子の層が何層重なっていると計算されるか．金の密度は 19.3 g/cm³ とし，金原子1層分の厚みは 0.235 nm とする．

第8講 化学反応の進み方と平衡

化学とは，文字どおり物質が「化ける」反応についての「学問」である．化学反応が起こると熱の出入りがあり，私たちはその熱を利用している．本講では，反応熱の大きさが反応物と生成物のエネルギーの差で決まっていて，各物質のエネルギーは結合エネルギーの和で決まっていることを学ぶ．化学反応が自発的に進む向きは，エントロピー増大則によって知ることができる．そして反応物と生成物が共存すると反応は一方的に進まず平衡になること，自発的に起こるはずの反応が現実的な反応速度で起こるかどうかは，反応物と生成物の中間にある活性化状態で決まることを学ぶ．

8.1 反 応 熱

8.1.1 発熱反応と吸熱反応
(a) 反応が起こると熱の出入りがある

化学反応が起こると周囲に熱を放出するか，周囲から熱を吸収する．たとえば携帯カイロは，鉄と酸素が酸化鉄になって熱が発生し，周囲を暖める[*1]．一方，冷却パックは硝酸アンモニウムが水に溶けるのに必要な熱を奪い，周囲を冷やす．反応にともなって出入りする熱を反応熱と呼ぶ

熱力学第一法則によれば「系[*2] のエネルギー変化は，系に出入りする熱と仕事の和に等しい」[*3]．すなわち反応熱の大きさは，反応前の物質（反応物）と反応後の物質（生成物）のエネルギー差に等しい（図8.1）．反応前のほうが反応後よりエネルギーが高ければ，そのエネルギー差が熱となって放出される発熱反応になり，反応前のほうが反応後よりエネルギーが低ければ，そのエネルギー差の熱を周囲から吸収する吸熱反応となる．

[*1] カイロ工業会によれば，携帯カイロの化学反応は Fe + 3/4 O_2 + 3/2 H_2O → Fe$(OH)_3$ だが，ここでは酸化鉄(III) Fe_2O_3 ができる反応として扱う．

[*2] 考察や検討の対象とする部分を系，それ以外の部分を外界と呼ぶ．

[*3] 熱力学第一法則は，一言でいえば熱と力学的エネルギーの保存則である．熱はエネルギーや仕事と等価なので，J や kJ/mol といった単位で表す．

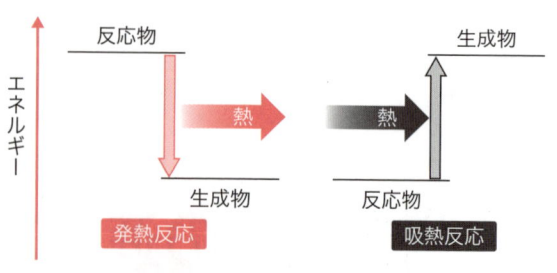

図 8.1 発熱反応と吸熱反応

(b) 反応熱の種類

反応熱は，反応の種類に応じて表 8.1 の名称で呼ばれることもある．

表 8.1 反応熱の種類

名 称	反応の種類
燃焼熱	1 mol の物質が完全燃焼[*4]（発熱）
生成熱	化合物 1 mol をその成分元素の単体から生成
溶解熱	1 mol の物質が多量の水に溶解して希薄溶液を生成
中和熱	酸と塩基の中和反応で水 1 mol を生成（56.5 kJ の発熱）
蒸発熱	1 mol の物質が液体から気体に蒸発（吸熱）
融解熱	1 mol の物質が固体から液体に融解（吸熱）

[*4] 反応物に含まれる C 原子がすべて CO_2，H 原子がすべて H_2O になる反応．

(c) 反応前後のエネルギーをつり合わせる熱化学方程式

反応の前後を通じて標準圧力 1.013×10^5 Pa [*5]，温度 25 ℃ であるとき，メタン CH_4 1 mol が酸素 O_2 2 mol と反応し完全燃焼すると，802 kJ の熱が発生する．この関係を次のように書いたものを熱化学方程式と呼ぶ．

$$CH_4(g) + 2\,O_2(g) = CO_2(g) + 2\,H_2O(g) + 802\,\text{kJ} \tag{8.1}$$

[*5] 現在では標準圧力は 1.013×10^5 Pa ではなく，1×10^5 Pa (0.987 atm) が推奨されている．

ここで (g) は，反応物や生成物が気体であることを表す．反応物や生成物が液体なら (l)，固体なら (s) と書いて状態を指定する[*6]．式 (8.1) は図 8.2 のように，反応物 $CH_4 + 2\,O_2$ のエネルギーが生成物 $CO_2 + 2\,H_2O$ よりも 802 kJ 高いことを表している．熱化学方程式は反応熱を右辺の生成物側に書き，両辺を等号で結ぶ．左辺と右辺のエネルギーが等しい方程式なので，反応熱の前の符号は発熱反応ならプラス，吸熱反応ならマイナスになる．

[*6] 気体 gas，液体 liquid，固体 solid の頭文字である．

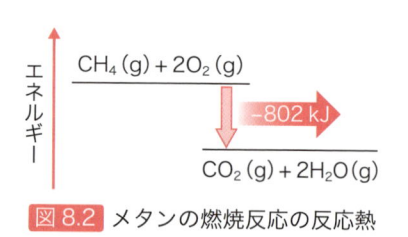

図 8.2 メタンの燃焼反応の反応熱

同じメタンの燃焼反応でも液体の水 $H_2O(l)$ が生成物ならば，発生する熱は 890 kJ で，式(8.1)の水蒸気 $H_2O(g)$ が生成する場合より発熱が大きい．

$$CH_4(g) + 2\,O_2(g) = CO_2(g) + 2\,H_2O(l) + 890\,kJ \quad (8.2)$$

式(8.1)と(8.2)の差 88 kJ は，水 1 mol の 25 ℃での蒸発熱 44 kJ のためである．反応熱を扱うときは，このように状態の指定が重要である．

8.1.2 エンタルピー

(a) エンタルピーはエネルギー

大気圧下のような圧力一定の条件では，反応に関与する気体の分子数が変化すると体積も変化する．そのため圧力一定の場合，物質そのもののエネルギーに体積変化の仕事も含めたエネルギーであるエンタルピー H[*7] を用いると見通しがよい．このとき反応熱も，反応物と生成物のエンタルピー差 ΔH で表す．ただし多くの場合，体積変化の仕事は反応熱に比べて小さいので，エンタルピーは物質がもつエネルギーと理解しておけば十分である．

高校の化学では反応熱を熱化学方程式で表すが，化学一般では化学反応式を書き，反応式とは独立に反応熱を記す．式(8.1)の例であれば

$$CH_4(g) + 2\,O_2(g) \rightarrow CO_2(g) + 2\,H_2O(g) \quad \Delta H = -802\,kJ/mol \quad (8.3)$$

と書く(図 8.2)．注意すべき点は，反応熱の前の符号が式(8.1)とは逆になっていることである[*8]．Δ はデルタと読み，X という量の変化 ΔX を

$$\Delta X = \text{変化後の } X - \text{変化前の } X$$

で表す．したがって反応熱 ΔH は，

$$\Delta H = \text{生成物のエネルギー} - \text{反応物のエネルギー} \quad (8.4)$$

となるので，生成物のほうが反応物よりもエネルギーが低い発熱反応では，熱化学方程式とは逆に，反応熱の前の符号は負になる．同様に吸熱反応では反応熱の前の符号は正になる．

(b) 物質のエネルギーは結合エネルギー

反応熱は反応物と生成物のエネルギーの差であると述べたが，物質のエネルギーは，その物質をつくる結合エネルギーで決まる．結合エネルギーとは原子と原子が結びつくエネルギーである．第6講で学んだように，化学結合が生じると，原子がばらばらの状態よりも安定になり，結合エネルギーの分だけエネルギーが低くなる[*9]．したがって，注目している分子を原子1個1個にばらばらにした状態とのエネルギー差は，その分子のエネルギーを表し，

[*7] 物質内の原子や分子のエネルギーを内部エネルギー U，物質にかかる圧力を P，物質の体積を V とすると，エンタルピーは $H \equiv U + PV$ で定義される．気体分子数の変化が大きい高温反応でなければ，U と H の差は小さい．

[*8] 反応が起こる系に熱が加わる方向を正に，反応が起こる系から熱が出て行く方向を負にする．

[*9] 結合した状態のほうがばらばらの状態よりエネルギーが低いのは，結合を切るには外部からエネルギーを供給する必要があることを考えればわかりやすい．つまり結合の切断は吸熱反応である．

表 8.2 結合エネルギー (kJ / mol)

結合（分子）	結合エネルギー	結合（分子）	結合エネルギー
H–H (H_2)	432	Cl–Cl (Cl_2)	239
C–H (CH_4)	411	C–C (C_2H_6)	366
O–H (H_2O)	459	O=O (O_2)	494
H–Cl (HCl)	428	C=O (CO_2)	799

( ) 内は結合エネルギーの算出に使った分子.

結合エネルギーの和から求められる．表 8.2 には，いくつかの結合について目安となる結合エネルギーを示した[*10]．

[*10] 表 8.2 は，たとえば O–H 結合の場合，H_2O の 1 本目の O–H 結合エネルギー（H と OH の結合）と 2 本目の O–H 結合エネルギー（H と O の結合）の平均を示している．しかし，1 本目と 2 本目の OH の結合エネルギーは異なるので，どんな分子にもよい精度で使えるものではなく，あくまでも目安である．

(c) 反応熱は反応物と生成物の結合エネルギーの差

表 8.2 を使うと，CH_4 の燃焼反応に関係する分子をばらばらの原子にした C(g) + 4 H(g) + 4 O(g) を基準にして，反応物と生成物のエネルギーが求められる（図 8.3）．反応物 CH_4(g) + 2 O_2(g) は，C(g) + 4 H(g) + 4 O(g) より C–H 結合 4 本分と O=O 結合 2 本分の 2632 kJ 安定で，生成物 CO_2(g) + 2 H_2O(g) は C=O 結合 2 本分と O–H 結合 4 本分の 3434 kJ 安定である．反応熱は，その差 −3434 kJ − (−2632 kJ) = −802 kJ であり，式 (8.1) の値と一致するので

$$\Delta H = 生成物の結合エネルギーの和 - 反応物の結合エネルギーの和 \quad (8.5)$$

の関係が成り立っていることがわかる．

式 (8.5) より，発熱反応とは結合エネルギーが弱い反応物から，結合エネルギーが強い生成物ができ，吸熱反応はその逆であることがわかる．

(d) 反応熱は反応経路によらない——ヘスの法則

図 8.3 では CH_4 の燃焼熱を C(g) + 4 H(g) + 4 O(g) という状態を経由して求めている．これは，反応の始点と終点さえ決まっていれば，二つの状

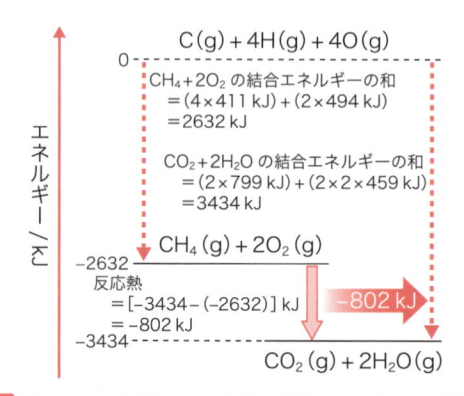

図 8.3 結合エネルギーと反応熱の関係（メタンの燃焼反応）

態のエネルギー差は経路によらないことを利用している．この関係は 1840 年にヘスが提唱したもので，ヘスの法則[*11]と呼ばれる．

[*11] 19世紀中頃に確立した熱力学第一法則から自明であるが，ヘスはそれに先んじて提唱したため，とくに「ヘスの法則」と呼ぶ．

■**例題**■ 表 8.2 を使って，$H_2(g) + Cl_2(g) \longrightarrow 2\,HCl(g)$ の反応熱を求めよ．この反応は発熱反応か，吸熱反応か．

解答 反応物 $H_2(g) + Cl_2(g)$ は，$2\,H(g) + 2\,Cl(g)$ の状態よりも H–H 結合 1 本分と Cl–Cl 結合 1 本分の 432 kJ + 239 kJ = 671 kJ 低く，生成物 2 HCl(g) は H–Cl 結合 2 本分の 2 × 428 kJ = 856 kJ 低い．反応熱は，その差 −856 kJ − (−671 kJ) = −185 kJ であり，負なので発熱反応である．H_2 ならびに Cl_2 が 1 mol 消費されると 185 kJ の熱が発生するので，$\Delta H = -185$ kJ/mol と書く．

8.2　反応が進む向き

8.2.1　エントロピー

(a) 宇宙の乱雑さは増大する——エントロピー増大則

自然現象は，進む向きが決まった不可逆なものが多い．たとえば高温の物体と低温の物体を接触させると，高温側から低温側へ熱が流れて，二つの物体の温度は等しくなる．2 種類の液体や気体を一緒にすると，混ざり合って均一になる．自然は全体が均一になる方向に進む傾向がある．

これを別な表現で書くと，「自然は乱雑さが増大する方向に進む」といえる．「乱雑さ」の大きさを表す量をエントロピーといい，自然に起こる現象によって「宇宙全体のエントロピーは増大する」．これは熱力学第二法則(エントロピー増大則)の一つの表現である．

(b) 熱の出入りとエントロピー変化

系に熱 Q が出入りする過程では，エントロピー S の変化 ΔS は，Q を絶対温度 T で割ったものになる[*12]．

$$\Delta S = \frac{Q}{T} \tag{8.6}$$

Q は反応熱と同様，正で吸熱，負で発熱であるから，系が外部から熱を吸収すればエントロピーは増加し，放出すればエントロピーは減少する．

物質内部の原子や分子の運動が不活発なほど乱雑さは小さく，原子や分子の運動が活発なほど乱雑さは大きい．式 (8.6) で熱を得るとエントロピーが増加するのは，原子や分子の運動が活発になるためである．熱を絶対温度

[*12] エンタルピーとエントロピーの違いが整理しにくいかもしれないが，エントロピーは熱(すなわちエネルギー)を絶対温度で割ったもので，J/K や JK^{-1}mol^{-1} といった単位で表し，エネルギーそのものであるエンタルピーとは，そのまま足し算や引き算のできない別次元の量である．

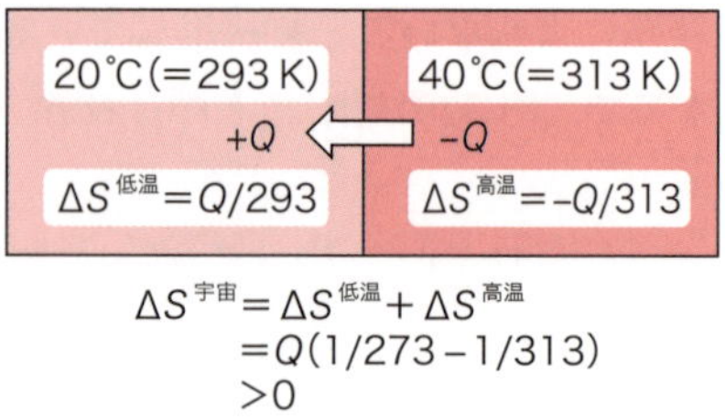

$$\Delta S^{宇宙} = \Delta S^{低温} + \Delta S^{高温}$$
$$= Q(1/273 - 1/313)$$
$$> 0$$

図8.4 エントロピーで考える熱の移動

割っているので，同じ量の熱が移動したときのエントロピー変化は絶対温度が低いほど大きい．そのため高温と低温の物体が接触したとき，宇宙全体のエントロピーが増大するのは，高温側から低温側に熱が移動して低温側のエントロピーが増大する場合になる（図8.4）[*13]．

> ■例題■ 生物は食物として摂取したばらばらの物質から，秩序の高い生体をつくっている．これはエントロピー増大則に反していないか．
>
> 解答 生物が秩序の高い生体をつくる過程はエントロピーが減少しているが，同時に発熱や排泄により外界のエントロピーを増加させているので，宇宙全体のエントロピー増大則には反していない．

(c) 反応の起こりやすさとエントロピー

宇宙全体のエントロピーの増大という観点から，携帯カイロと冷却パックの反応を見てみよう．宇宙全体のエントロピー変化は $\Delta S^{宇宙} = \Delta S^{外界} + \Delta S^{系}$ を考える．$\Delta S^{外界}$ は系の反応熱による外界のエントロピー変化である．$\Delta S^{系}$ は反応の前後での系の物質そのもののエントロピーの差で，反応熱と同様に次の式で求められる．

$$\Delta S^{系} = 生成物のエントロピーの和 - 反応物のエントロピーの和 \tag{8.7}$$

携帯カイロで起こっている反応は，1.013×10^5 Pa，25℃のとき

$$\text{Fe(s)} + \frac{3}{4}\text{O}_2(\text{g}) \rightarrow \frac{1}{2}\text{Fe}_2\text{O}_3(\text{s}) \quad \Delta H = -412 \text{ kJ/mol} \tag{8.8}$$

となる．生成物の Fe_2O_3 は結合エネルギーが強いので，大きな発熱反応である．系が反応熱 ΔH を外界に放出すると，外界は $-\Delta H$ の熱を受け取りエントロピーが増加する．増加量は式(8.6)より，$\Delta S^{外界} = -\Delta H/T = -(-412 \text{ kJ/mol})/298 \text{ K} = 1382 \text{ J K}^{-1} \text{ mol}^{-1}$ である．一方 $\Delta S^{系}$ は，反応物の $\text{O}_2(\text{g})$ が広い空間を自由に動く乱雑さの大きい気体なのに，生成物では Fe_2O_3 の

[*13] 図8.4のように20℃の水100gと40℃の水100gの入った二つの容器が接触していて，40℃の水から20℃の水に微小量の熱 Q（>0）が移動するとき，20℃の水のエントロピー変化は $Q/293$，40℃の水のエントロピー変化は $-Q/313$ と表せる．外界とは熱の出入りがないとすると，宇宙全体のエントロピー変化は，これら二つの容器のエントロピー変化の和になるので，$\Delta S^{宇宙} = Q/293 + (-Q/313) = 2.18 \times 10^{-4} Q > 0$．したがって宇宙のエントロピーが増大するからこそ，私たちが知っているように，高温側から低温側へ自発的に熱が流れる．これは共通の熱 Q が移動すると，低温側のエントロピー増加が高温側のエントロピー減少を上回るためである．熱の流れが逆向き（$Q < 0$）だと $\Delta S^{宇宙} < 0$ となるので，自発的には起こらない．

秩序が高い固体結晶に閉じ込められるので，系のエントロピーは減少する．しかし，この反応の 1.013×10^5 Pa，25 ℃での $\Delta S^{系} = -137$ J K^{-1} mol^{-1} しかないので，$\Delta S^{外界}$ の増加に比べてかなり小さく，$\Delta S^{宇宙} = \Delta S^{外界} + \Delta S^{系}$ $= 1245$ J K^{-1} mol$^{-1} > 0$ となり，反応は自発的に起こる．

一方，冷却パックの硝酸アンモニウムの水への溶解は，1.013×10^5 Pa, 25 ℃で

$$NH_4NO_3\,(s) + aq \rightarrow NH_4^+\,(aq) + NO_3^-\,(aq) \quad \Delta H = 25.5 \text{ kJ/mol} \quad (8.9)$$

となる[*14]．強い結合のイオン結晶がばらばらになるため吸熱反応であり，外界のエントロピーは減少し，$\Delta S^{外界} = -\Delta H/T = -(25.5 \text{ kJ/mol})/298$ K $= -85.4$ J K^{-1} mol^{-1} である．この反応では秩序の高いイオン結晶がばらばらのイオンに分かれて自由に動き回る状態に変わるので，系のエントロピーは増加する．1.013×10^5 Pa，25 ℃での $\Delta S^{系} = 98.9$ J K^{-1} mol^{-1} で，$\Delta S^{外界}$ の減少よりも大きいため，$\Delta S^{宇宙} = \Delta S^{外界} + \Delta S^{系} = 13.5$ J K^{-1} mol$^{-1} > 0$ となって，やはり反応は自発的に起こる．

温度が変わると $\Delta S^{外界}$ が大きく変わる．携帯カイロのような系のエントロピーが減る発熱反応は温度が低いほど $\Delta S^{宇宙}$ が大きく，自発的に反応が起こりやすい．逆に，冷却パックのような系のエントロピーが増える吸熱反応は，温度が高いほど自発的に反応が起こりやすいことがわかる．

ここで「自発的に反応が起こる」という表現には少し注意が必要である．宇宙全体のエントロピーが増加する反応でも，8.4 節で説明する反応速度が非常に遅い場合があり，そのような反応はなかなか起こらない．ただし，宇宙全体のエントロピーが減少する反応は決して自発的に起こらない．

[*14] aq は多量の水を意味し，ラテン語の水 aqua の略．

8.2.2 ギブズエネルギー
(a) エントロピー増大則はギブズエネルギーの最小化

エントロピーの増大則は系に関する量だけでも表せる．上に示したように反応熱が $Q^{系}$ の反応では，外界には $-Q^{系}$ の熱が出入りする．式 (8.7) より絶対温度を T として，外界のエントロピー変化は $\Delta S^{外界} = -Q^{系}/T$（図 8.5）であるから，圧力一定で $Q^{系} = \Delta H^{系}$ の場合，エントロピー増大則は

$$\begin{aligned}
\Delta S^{宇宙} &= \Delta S^{外界} + \Delta S^{系} \\
&= \frac{-Q^{系}}{T} + \Delta S^{系} \\
&= -\frac{\Delta H^{系} - T\Delta S^{系}}{T} \\
&= -\frac{\Delta G^{系}}{T} \geq 0
\end{aligned} \quad (8.10)$$

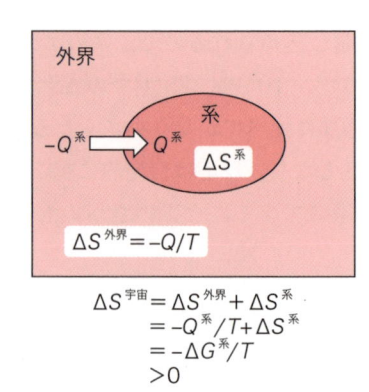

$$\Delta S^{宇宙} = \Delta S^{外界} + \Delta S^{系}$$
$$= -Q^{系}/T + \Delta S^{系}$$
$$= -\Delta G^{系}/T$$
$$> 0$$

図 8.5 ギブズ自由エネルギーとエントロピー増大則の関係

と書ける．ここで $\Delta G^{系} \equiv \Delta H^{系} - T\Delta S^{系}$ はギブズエネルギー変化[*15]と呼ばれる量で，式(8.10)は $\Delta S^{宇宙} \geq 0$ と $\Delta G^{系} \leq 0$ が同じであることを示している．

ギブズエネルギーは，その反応で発生する熱のうち仕事として取りだせる最大値を表している[*16]．

8.3 化学平衡

8.3.1 可逆反応と化学平衡

(a) 反応物と生成物が共存すると可逆反応になることがある

8.2 節では化学反応が自発的に進む向きについて学んだ．ところが密閉した容器のなかで化学反応を起こすと，反応物 A から生成物 B へ反応が一方的に進むのではなく，ある程度反応が進んだところで，反応物と生成物の濃度が一定になり，反応が止まったようになることがある (図 8.6)．

このとき反応は止まっているのではなく，正反応 A → B と逆反応 A ← B の両方向の反応が同じ速度で起こり，同じ量の A と B が生成している．このように両方向の反応が同時に起こる反応を可逆反応という．可逆反応は

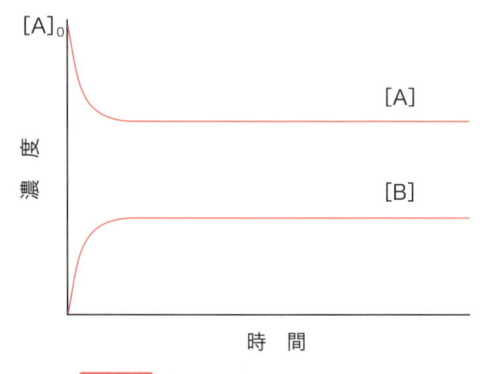

図 8.6 化学反応 A ⇌ B の平衡

[*15] ギブズは，熱力学に大きな功績のあった研究者の人名である．ギブズエネルギー G そのものは $G \equiv H - TS$ で定義される．ギブズ自由エネルギーまたは単に自由エネルギーとも呼ばれる．

[*16] 水素の燃焼反応 $H_2(g) + 1/2\ O_2(g) \rightarrow H_2O(l)$ は，1.013×10^5 Pa，25 ℃ で $\Delta H = -286$ kJ/mol，$\Delta S = -163$ JK^{-1}mol^{-1} なので，$\Delta G = -286$ kJ/mol $- 298 \times (-163 \times 10^{-3})$ kJ/mol $= -237$ kJ/mol である．したがって 286 kJ/mol の発熱量のうち，237 kJ/mol は廃熱にせずに電気として取りだすことが理論上は可能な「自由に使えるエネルギー」で，効率 83 %（= 237/286 × 100 %）とされるが，簡単に実現できる数字ではない．

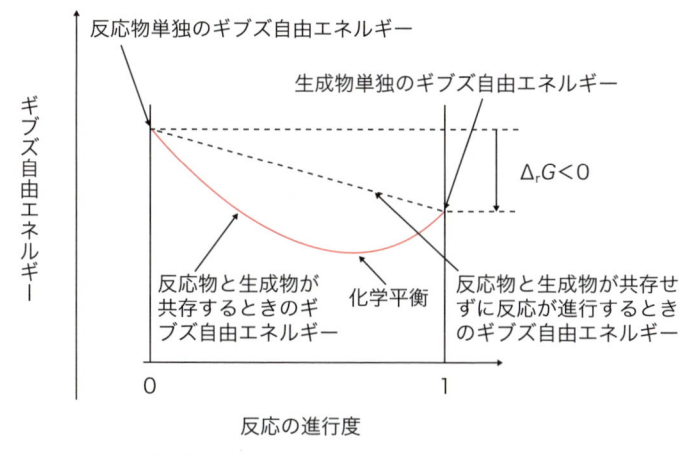

図8.7 化学平衡と自由エネルギーの関係

$$A \rightleftharpoons B \tag{8.11}$$

のように両方向の矢印を使って表す．

両方向の反応が起こるということは，ギブズエネルギーが増える方向の反応も起こっていることになる．一見，エントロピー増大則に反しているようだが，これはエントロピーの観点からは，生成物だけが容器内に存在するよりも，反応物と生成物が共存して多種の物質が存在するほうが，乱雑さが増して有利なためである．反応が100%進みきるのではなく，逆反応も起こった組成で全体のギブズエネルギーが最小になる場合，その組成で反応物と生成物の濃度変化がなくなる．これが化学平衡である（図8.7）．

これに対して，液体や固体の反応物から気体が生成して外部に逃げる場合のように，生成物がすぐに取り除かれるならば，自由エネルギーで決まる向きにしか反応は起こらない．

8.3.2 平衡定数

化学平衡では，反応物と生成物の濃度の積の比が一定になる．この定数は平衡定数と呼ばれる．たとえば反応物がAとB，生成物がPとQ，反応式の係数がa, b, p, qである可逆反応 $aA + bB \rightleftharpoons pP + qQ$ の平衡であれば，物質Xの平衡濃度を$[X]_{eq}$で表すと，平衡定数Kは次のようになる．

$$K = \frac{[P]_{eq}^{p}[Q]_{eq}^{q}}{[A]_{eq}^{a}[B]_{eq}^{b}} \tag{8.12}$$

■例題■ $H_2 + I_2 \rightleftharpoons 2HI$ の可逆反応を考える．体積一定の容器に H_2 1.0 mol と I_2 1.0 mol のみを入れたところ，HIが1.2 mol 生成して

平衡に達した．平衡定数を求めよ．

解答 この反応では，H_2 と I_2 が x ずつ反応すると，HI が $2x$ 生成する．HI の初期濃度はゼロなので，$2x = 1.2$ mol より $x = 0.6$ mol である．反応せずに残っている H_2 と I_2 は $1 - x = 0.4$ mol なので，容器の体積を V とすると，平衡定数 $K = (1.2/V)^2/(0.4/V)^2 = 9$．

8.3.3 ル・シャトリエの原理——平衡の移動
(a) 平衡の移動は条件変化を緩和する方向

平衡にある系に変化を加えると，平衡濃度が変化して平衡が移動する．このとき平衡が移動する方向は，系に与えられた変化を緩和する方向になる．これをル・シャトリエの原理という．まとめると表8.3のようになる．

表8.3 ル・シャトリエの原理

条件	変化	促進される反応
濃度	ある物質を増やす	増えた物質が減る反応
	ある物質を減らす	減った物質が増える反応
全圧力	高くする	気体の粒子数が減る反応
	低くする	気体の粒子数が増える反応
温度[*17]	高くする	吸熱反応
	低くする	発熱反応

平衡にある可逆反応 $aA + bB \rightleftharpoons pP + qQ$ で，ある物質の濃度を変えたときの平衡の移動は，次の反応商 Q_c を考えると理解しやすい．

$$Q_c = \frac{[P]^p [Q]^q}{[A]^a [B]^b} \tag{8.13}$$

式 (8.12) との違いは，平衡濃度ではなく任意の時点の濃度を用いることだけである．平衡にある系で反応物 A または B を増やせば $Q_c < K$ となるから，$Q_c = K$ となる平衡に達するまで正反応が進む．逆に平衡濃度から生成物 P または Q を増やせば $Q_c > K$ となるから逆反応が進んで平衡に達する．

■例題■ 前の例題の平衡にある系に H_2 を 0.5 mol 加えたあと，平衡に達した H_2，I_2，HI の物質量を求めよ．

解答 H_2 0.9 mol，I_2 0.4 mol，HI 1.2 mol が初期濃度になる．新しい平衡に達するまでに H_2 と I_2 が x ずつ反応し，HI が新たに $2x$ 生成するので，$(1.2 + 2x)^2/[(0.9 - x)(0.4 - x)] = 9$．これを整理する

[*17] 平衡定数とギブズエネルギー変化は $\Delta G = -RT \ln K$ の関係（R は気体定数）にあるので，$K = \exp(-\Delta G/RT) = \exp(\Delta S/R) \times \exp(-\Delta H/RT)$ と表すことができ，温度を変えると平衡定数が変わることがわかる．絶対温度 T を高くすると，正反応が吸熱反応なら K が大きくなって正反応が進み，正反応が発熱反応なら K は小さくなって逆反応が進む．

と $5x^2 - 16.5x + 1.8 = 0$ が得られ，これを解くと $x = 0.11$．したがって新たな平衡での物質量は H_2 0.79 mol, I_2 0.29 mol, HI 1.42 mol．

8.4 反応速度

8.4.1 反応速度

(a) 反応速度は反応物または生成物の濃度の変化の速度

反応速度 v は，反応物または生成物の濃度の時間あたりの変化量である．これは濃度の時間変化の接線（図8.8）すなわち濃度の時間変化の微分で与えられる．物質Xの濃度を [X] と書くと，反応 $A + B \longrightarrow P + Q$ の反応速度は，

$$v = -\frac{d[A]}{dt} = -\frac{d[B]}{dt} = \frac{d[P]}{dt} = \frac{d[Q]}{dt} \tag{8.14}$$

となる．反応速度は正にとるので，反応物と生成物では符号が逆になる．

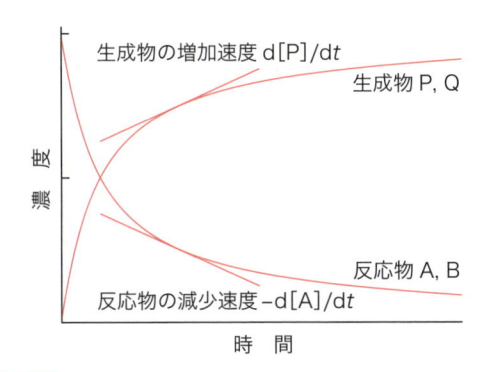

図 8.8 化学反応 $A + B \to P + Q$ における反応速度

8.4.2 反応次数

(a) 反応速度を反応物の濃度で表す

反応速度は反応物の濃度のべき乗の積で書ける場合が多い．

$$v = k[A]^m[B]^n \tag{8.15}$$

比例定数 k は反応速度定数で，反応ごとに固有の値をとり，8.4.3項で見るように温度に依存する．AとBの濃度のべき乗の指数 m と n をそれぞれAとBの反応次数と呼び，$m + n$ を全反応次数と呼ぶ．m と n がどんな値になるかは反応式だけからはわからず，実験によって決めるしかない[*18]．

(b) 一次反応は指数関数的減少で半減期が一定

反応物がA単独である場合のように，一つの反応物の濃度だけに反応速

[*18] 反応式が実際に直接起こっている反応（素反応）を表している場合は，一次反応か二次反応になることが多いが，$A \to X$ と $B + X \to P + Q$ の二つの素反応をまとめて $A + B \to P + Q$ と表しているような複合反応は，反応次数が複雑になることがある．

度が比例する場合を一次反応と呼ぶ．

$$v = -\frac{d[A]}{dt} = k[A] \tag{8.16}$$

一次反応の反応速度定数は［時間］$^{-1}$の次元をもつ．初期濃度を$[A]_0$として式(8.16)を解くと[*19]，時刻tでの A の濃度は指数関数的に減少する(図8.9)．

$$[A] = [A]_0\, e^{-kt} \tag{8.17}$$

一次反応では，反応物の量が半分に減るのにかかる時間(半減期)$t_{1/2} = (\ln 2)/k$ は初期濃度によらず一定である．放射性物質の減少も一次反応である．

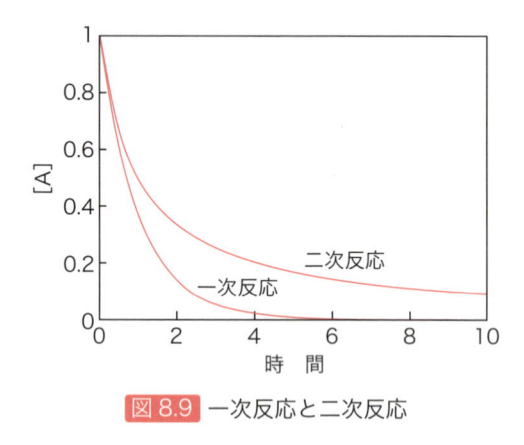

[*19] 式(8.16)より，

$$\frac{d[A]}{[A]} = -k dt$$

左辺を[A]，右辺をtで積分すると不定積分は$\ln[A] = -kt + C$となる(Cは積分定数)．$\ln x$は自然対数$\log_e x$のことで，10を底とする常用対数と区別するための表記である．

図 8.9　一次反応と二次反応

(c) 二次反応は半減期が延びる

A と B が衝突して反応を起こす場合などは，反応速度は A の濃度と B の濃度の積に比例し，全反応次数は二次になる．これを二次反応と呼ぶ．

$$v = -\frac{d[A]}{dt} = k[A][B] \tag{8.18}$$

二次反応の反応速度定数は［濃度］$^{-1}$［時間］$^{-1}$の次元をもつ．図8.9には二次反応の反応物 A の時間変化も示した．二次反応は反応が進行すると，衝突相手が減るため反応速度がどんどん遅くなり半減期も延びる[*20]．

[*20] A + A →生成物となる反応の場合，式(8.18)より，

$$\frac{d[A]}{[A]^2} = -k dt.$$

これを解くと，初期濃度を$[A]_0$として

$$\frac{1}{[A]} = \frac{1}{[A]_0} + kt$$

となる．$[A] = [A]_0/2$となるのは，$t_{1/2} = 1/(k[A]_0)$である．

8.4.3　活性化エネルギー

(a) 反応速度は活性化エネルギーが決める

化学反応には，ギブズエネルギー変化が負で自発的に起こるはずでも，実際には起こらないものがある．たとえばダイヤモンドから黒鉛への変化は，ギブズエネルギー変化は負だが現実には起こらない．これは反応途中の活性化エネルギー(図8.10)が非常に高く，反応速度がとても遅いためである．

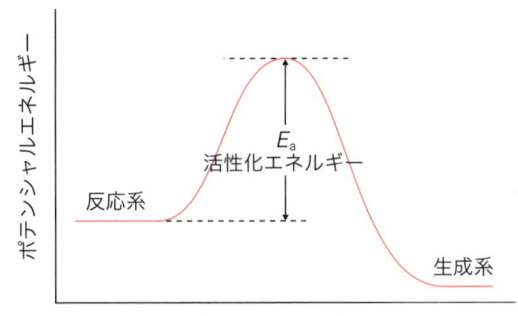

図8.10 活性化エネルギー

反応における ΔH, ΔS, ΔG は, 反応物と生成物の物質が決まれば求められた. しかし, 化学反応の速度を決めているのは, 反応物が生成物に変化する途中の状態であることが多い. 図8.10のように, 反応物と生成物の途中が, 結合が組み替わるためにエネルギーの高い活性化状態となっている場合は, この活性化状態の山を越えないと反応が進まない. そのため, 反応物があらかじめ高いエネルギーをもっていないと反応が起こらない. この山の高さのエネルギーを活性化エネルギーという[*21]. 反応物のエネルギーを高くする手っ取り早い方法は温度を上げることである[*22]. 活性化エネルギーのある反応は, 温度を上げると反応速度が速くなる.

8.4.4 触媒

(a) 触媒は活性化エネルギーの低い反応経路を提供する

活性化エネルギーが高くてなかなか進まない反応を速く進めるもう一つの方法は, 触媒の利用である. 触媒Xは反応では消費されず, 触媒がないときよりも活性化エネルギーがずっと低い別の反応経路を提供して反応速度を速くする. たとえばA ⇌ B の可逆反応において

$$A + X \rightleftharpoons B + X \tag{8.19}$$

のように働くので, 反応自体には影響を与えない. 触媒が活性化エネルギーを下げるのは, A–Xのような一時的な複合体を形成して, 反応が進みやすいようにAを変形したりするためである. 反応が終わって生成物ができると, 触媒は生成物から分かれ, 次の反応を起こすサイクルを繰り返す.

(b) 触媒反応は人間の生活に欠かせない

たとえば, 空気中の窒素からアンモニアを合成する反応 $N_2 + 3\,H_2 \rightarrow 2\,NH_3$ は, ギブズエネルギー変化は負だが, 安定分子である N_2 と H_2 を混合しただけでは起こらない. 高温にして反応が起こりやすくしたうえで, 高

[*21] 水素 H_2 と酸素 O_2 から水 H_2O ができる反応も, 安定分子である水素と酸素を室温で混ぜて放置しただけでは, 活性化エネルギーが高すぎて起こらない. 火花を飛ばしたり, 高温にしたりしてH原子が生成すると, 活性化エネルギーがずっと低い反応が起こるようになって反応が進むのである.

[*22] 活性化エネルギー E_a があるときの反応速度は $k \propto e^{-E_a/RT}$ のかたちで書けること多い. ここで $R = 8.31\,\mathrm{J\,K^{-1}\,mol^{-1}}$ は気体定数で, T は絶対温度である. 経験的にこの関係を見つけて1899年に発表したアレニウスの名前をとってアレニウスの式という.

*23 この反応の平衡を研究したハーバーが，ボッシュの協力により高圧装置を得て，1913 年に 200 気圧，500 ℃ 程度の条件で年間 9000 トンの工業生産を始めた．これにより，ドイツは第一次世界大戦で使用する火薬の製造に必要な窒素化合物の原料を，チリ硝石の輸入に頼らずに国内で調達できるようになった．

圧にして平衡を分子数が少ない NH_3 側にずらし，さらに鉄触媒を使うことで工業的な大量生産が可能になった[*23]．このとき鉄表面に吸着した N_2 と H_2 は結合が切れて N 原子と H 原子として鉄表面に吸着する．原子どうしになると反応速度が格段に高くなり，鉄表面上に吸着したまま

$$N(a) + 3\,H(a) \rightleftharpoons NH(a) + 2\,H(a) \rightleftharpoons NH_2(a) + H(a) \rightleftharpoons NH_3(a) \tag{8.20}$$

のように反応が進む．ここで (a) は鉄表面に吸着している状態を表す．生成した $NH_3(a)$ は鉄表面から離れて気体の $NH_3(g)$ となる．

化学工業では，ほとんどの反応プロセスで触媒が使われている．このほかにも，私たちの体内ではさまざまなタンパク質が触媒として働いている．触媒として働くタンパク質をとくに酵素と呼ぶ．酵素も，「鍵と鍵穴」と呼ばれるように，特定の形状の反応物と複合体をつくり，特定の反応が起こりやすいように反応物を変形して活性化エネルギーを下げ，反応を進める．

なお，触媒は反応物側と生成物側に現れ，平衡定数の分母と分子で相殺されるので，平衡定数は元の反応のままで変わらない．また触媒反応の経路は，正反応と同様に逆反応も活性化エネルギーが低い経路になる．

章末問題

1. 水素と酸素から水蒸気が生じる反応 $H_2(g) + 1/2\,O_2(g) \to H_2O(g)$ の反応熱を表 8.2 の結合エネルギーの値を使って求め，発熱反応か吸熱反応か答えよ．

2. 黒鉛の燃焼反応 $C(s,\text{黒鉛}) + O_2(g) \to CO_2(g)$ の反応熱は $\Delta H = -393.5\,\text{kJ/mol}$，ダイヤモンドの燃焼反応 $C(s,\text{ダイヤモンド}) + O_2(g) \to CO_2(g)$ の反応熱は $\Delta H = -395.4\,\text{kJ/mol}$ である．ヘスの法則を使って，ダイヤモンドから黒鉛への変化 $C(s,\text{ダイヤモンド}) \to C(s,\text{黒鉛})$ の反応熱を求め，発熱反応か吸熱反応か答えよ．

3. 液体の水が蒸発して水蒸気になる過程の系の ΔH と ΔS の正負を答えよ．温度が高いほど蒸発が自発的に起こりやすいかどうか，$\Delta S^{宇宙}$ をもとに答えよ．

4. $H_2 + I_2 \rightleftharpoons 2\,HI$ の可逆反応の平衡定数 K が 64 である温度の容器内に，H_2 1 mol，I_2 1 mol，HI 2 mol を入れた．反応はどちら向きに進むか答え，平衡に達したときのそれぞれの物質量を求めよ．

5. 反応速度定数が k の一次反応で，反応物の半減期が $t_{1/2} = (\ln 2)/k$ となることを示せ．

第9講 酸と塩基，中和

中学校レベルでは，酸は「水に溶けて水素イオン（H^+）をだす物質」，塩基は「水に溶けて水酸化物（OH^-）イオンをだす物質」と理解する．これは19世紀末にアレニウス（Arrhenius）が提唱した酸，塩基の定義である．しかしこの考え方では，酸（塩基）の特徴を示しているのに，酸（塩基）に分類されない物質がでてきてしまう．このような矛盾に対応するため，さらに範囲を広げたブレンステッド（Brønsted）の定義，ルイス（Lewis）の定義が提唱されている．ブレンステッドの定義は高校の化学でも学習するが，ルイスの定義は大学ではじめて習う考え方だ．カバーする物質の範囲は，アレニウスの定義が最も狭く，ルイスの定義が最も広い．順番に見ていこう．

9.1 酸，塩基の定義

9.1.1 アレニウスの定義

化学的な知見が少なかった時代，酸は酸っぱいもの，塩基は苦くて触るとぬるぬるするものというふうに，人間の感覚によって分類されていた．酸と塩基を混ぜると中和し，それぞれの性質が消失して，塩が生成することは知られていた．

1880年代，アレニウスらによって，水に溶ける電解質は，水溶液中で陽イオン（カチオン）と陰イオン（アニオン）に電離していることが知られるようになった．これをもとにして，アレニウスは酸と塩基の定義をはじめて提出した．これによると酸は「水素を含み，水に溶解すると，水素イオン（H^+）[*1] と陰イオンに解離する物質」で，塩基は「水酸基（ヒドロキシ基 –OH）を含み，水に溶解すると水酸化物イオン（OH^-）と陽イオンに解離する物質」である．

[*1] アレニウスの定義では水素イオン（H^+）と表記されているが，これは厳密には，水素イオンが水分子と結合してできた H_3O^+（オキソニウムイオン，ヒドロニウムイオン）のことをさしている．反応式 (9.1) は，厳密には式 (9.3) が正式な表記だが，水分子を除いた式 (9.1) の形に書かれることが多い．

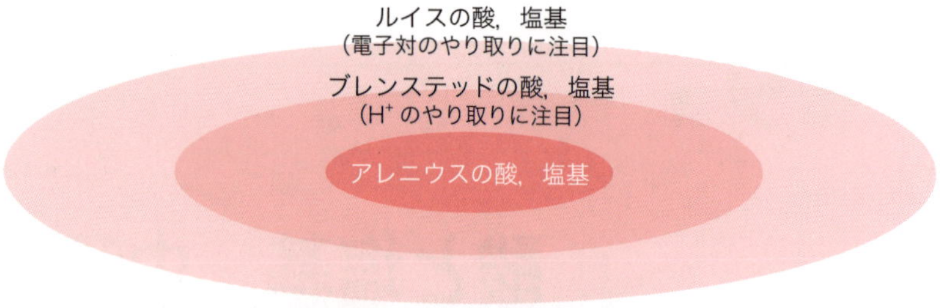

図9.1 酸，塩基の定義の関係
アレニウス酸（塩基）は，すべてブレンステッド酸（塩基）であり，ブレンステッド酸（塩基）はすべてルイス酸（塩基）である．ただし，慣用上，ブレンステッド酸（塩基）に含まれていないルイス酸（塩基）だけをさして，ルイス酸（塩基）と呼ぶこともある．

例：

$$酸\quad HCl \longrightarrow H^+ + Cl^- \tag{9.1}$$

$$塩基\quad NaOH \longrightarrow Na^+ + OH^- \tag{9.2}$$

これがはじめて人間の感覚によらず，化学的になされた酸と塩基の定義であるが，矛盾点も多く含んでいた．

たとえば，アンモニア NH_3 は塩基としての特徴を示すけれども，OH^- を含まないので，アレニウスの定義では塩基に分類できない．水に難溶の水酸化アルミニウム $Al(OH)_3$，水酸化マグネシウム $Mg(OH)_2$ などは酸と反応するので塩基としての特徴を示しているのだが，そもそも水に溶けないからアレニウスの定義では塩基に分類できない．

9.1.2 ブレンステッドの定義[*2]

*2 ブレンステッド・ローリーの定義と呼ぶこともある．

アレニウスと異なり，ブレンステッドは，水に溶解しなくてもよいのではないか，H^+ の放出，OH^- の放出という観点ではなく，H^+ のやり取り（授受）だけで説明できるのではないかと考えた．OH^- を放出している物質は，すべて H^+ を受け取っているので，H^+ だけに注目することで範囲を広げられると考えたのである．

ブレンステッドによると，酸は「ほかの物質に H^+ を与えることのできる物質（プロトン供与体）」，塩基は「ほかの物質から H^+ を受け取ることのできる物質（プロトン受容体）」である．

注意したいのは，ブレンステッドの定義における H^+ は，水に溶解した水素イオン（いわゆるヒドロニウムイオン H_3O^+）ではなく，水素原子1個が電子を1個放出して陽イオンになった状態，つまり陽子（プロトン）1個の状態だということである．H^+ でなくプロトンと表記されることが多い．

例：

$$HCl + H_2O \rightleftharpoons Cl^- + H_3O^+ \qquad (9.3)$$
　酸　　　塩基　　　塩基　　　酸

$$NH_3 + H_2O \rightleftharpoons NH_4^+ + OH^- \qquad (9.4)$$
　塩基　　　酸　　　　酸　　　塩基

塩化水素が水に溶けて塩酸となる反応 (9.3) では，HCl が H^+ を与えて，H_2O が H^+ を受け取っている．この反応では，HCl がブレンステッド酸であり，H_2O がブレンステッド塩基となる．

また，アンモニアが水に溶けて塩基性を示す反応 (9.4) では，H_2O が H^+ を放出して，NH_3 が H^+ を受け取っている．H_2O がブレンステッド酸であり，NH_3 がブレンステッド塩基である．

HCl や NH_3 だけでなく，H_2O まで酸や塩基に分類されてしまうのがブレンステッドの定義の特徴である．H_2O は反応相手としての役割を果たしているにすぎず，実際に酸性や塩基性を示すわけではないことに注意しよう．

次に，(9.3) の逆反応を考えよう．逆方向の反応では，H_3O^+ が H^+ を放出して，Cl^- が H^+ を受け取っているから，H_3O^+ がブレンステッド酸で，Cl^- がブレンステッド塩基である．HCl は酸だが，HCl からでてきた Cl^- は塩基になっている．このような関係を共役と呼び，Cl^- は HCl の共役塩基，HCl は Cl^- の共役酸という．同様に，NH_4^+ は NH_3 の共役酸，NH_3 は NH_4^+ の共役塩基である．なお，Cl^- は H_2O よりも弱い塩基なので，水中では H^+ を受け取る反応は進まないと考えてよい．

■例題■ 次の物質が酸として働くときの，共役塩基の化学式を記せ．
① HBr, ② HSO_4^-

解答 ① Br^-, ② SO_4^{2-}

【解説】① $HBr + H_2O \rightleftharpoons H_3O^+ + Br^-$
の関係にあるので，HBr の共役塩基は Br^-
② HSO_4^- が酸として作用するときは
　$HSO_4^- + H_2O \rightleftharpoons H_3O^+ + SO_4^{2-}$
の関係にあるので，HSO_4^- の共役塩基は SO_4^{2-}

9.1.3　ルイスの定義

化学が進歩し，さまざまな化学反応が知られるようになると，反応のなか

で酸や塩基の特徴を示しているにもかかわらず，ブレンステッドの酸，塩基には分類されない物質が現れてきた．ブレンステッドの定義ではH^+（プロトン）のやり取りがポイントだったが，ルイスはさらに範囲を広げて一般化し，電子対のやり取りに注目した．H^+（プロトン）がやり取りされている限り，必ず電子対もやり取りされるから，酸，塩基の範囲を広げられると考えたのである．

ルイスの定義では，酸は「電子対をほかの物質から受け取る物質（電子対受容体）」，塩基は「電子対をほかの物質に与える物質（電子対供与体）」である．

電子は負電荷，H^+（プロトン）は正電荷をもつので，与える，受け取るの方向はブレンステッドとルイスで逆になることに注意しよう．

例：
$$H^+ + H\colon\!\ddot{\underset{..}{O}}\!\colon\! H \longrightarrow \left[H\colon\!\overset{H}{\underset{..}{\ddot{O}}}\!\colon\! H \right]^+ \tag{9.5}$$

式 (9.5) に，H_2O が H^+ を受け取り，H_3O^+ となる反応を示したが，H_2O が孤立電子対を H^+ に対して与え，H^+ が H_2O から孤立電子対を受け取っていると見ることができる．この反応では H^+ がルイス酸，H_2O がルイス塩基である．

この反応例と同様，H^+ がやり取りされるときには，必ずその逆方向に電子対がやり取りされることになる．上にも述べたが，ブレンステッド酸はすべてルイス酸としての性質を示し，ブレンステッド塩基はすべてルイス塩基である．

例：
$$\underset{F}{\overset{F}{F\colon\!B}} + \underset{H}{\overset{H}{\colon\!N\colon\!H}} \longrightarrow \underset{F\;\;H}{\overset{F\;\;H}{F\colon\!B\colon\!N\colon\!H}} \tag{9.6}$$

三フッ化ホウ素とアンモニアが反応して，BF_3NH_3 が生成する反応では，三フッ化ホウ素がルイス酸，アンモニアがルイス塩基として作用している．この反応ではプロトンがやり取りされていないので，ブレンステッドの定義では酸，塩基の反応ではない．

ルイスの酸，塩基はほかにも遷移金属の空いた d 軌道に配位子の孤立電子対が入り込む反応など，錯形成反応によく見られる．

さまざまな有機化学反応で触媒が作用するメカニズムにおいても，ルイスの酸，塩基が重要な役割を果たしている．実際，多くの有機化学反応でルイス酸が触媒として用いられている．

9.2 酸，塩基の価数と強弱

9.2.1 酸，塩基の価数

　酸の分子 1 個（組成式 1 個分）から，塩基に対して放出することのできる H^+ の個数を，酸の価数という．HCl は反応時に H^+ を 1 個放出できるので 1 価の酸，H_2SO_4 は H^+ を 2 個放出できるので 2 価の酸，H_3PO_4（リン酸）は H^+ を 3 個放出できるから 3 価の酸である．酸の価数は，ほとんどの場合，化学式の左端に表記される H の数と等しい．

　H_3PO_4 は塩基との反応時には H^+ を 3 個放出できるが，水に溶けている状態で放出している H^+（H_3O^+）の個数は 1 個にも満たない．あとで述べるが，H_3PO_4 は弱酸で電離度が小さいからである．価数は水に溶けているときに放出している H^+ の個数ではなく，塩基と反応する際に放出できる H^+ の最大個数であることに注意しておこう．

　塩基の場合は，塩基の分子 1 個（組成式 1 個分）が受け取ることのできる H^+ の個数を，塩基の価数という．化学式中に OH が表記されている場合，その数は価数に等しい．NaOH は 1 価の塩基，$Ca(OH)_2$ は 2 価の塩基，$Al(OH)_3$ は 3 価の塩基である．NH_3 の場合は，H_2O から 1 個の H^+ を受け取って，1 個の OH^- を生成するので，1 価の塩基である．

9.2.2 酸，塩基の強弱

　強酸，弱酸というかたちの酸の分類は，酸が水に溶けたとき，H^+（H_3O^+）がどの程度生じるかで判断される．強酸であれば溶解した酸のほとんどが電離して，H^+（H_3O^+）を放出する．弱酸の場合は，電離する割合が強酸に比較してきわめて小さく，H^+（H_3O^+）の濃度は強酸に比べて桁違いに小さくなる．

　溶解した物質のうち，電離する割合を電離度といい，次の式で表される．

表 9.1 代表的な酸と塩基

	強酸	弱酸
1 価	塩酸 HCl，硝酸 HNO_3，過塩素酸 $HClO_4$，臭化水素酸 HBr，ヨウ化水素酸 HI	フッ酸 HF，酢酸 CH_3COOH，安息香酸 C_6H_5COOH，フェノール C_6H_5OH，青酸 HCN
2 価	硫酸 H_2SO_4	硫化水素 H_2S，シュウ酸 $(COOH)_2$，炭酸 H_2CO_3，亜硫酸 H_2SO_3
3 価		リン酸 H_3PO_4，ホウ酸 H_3BO_3

	強塩基	弱塩基
1 価	NaOH，KOH	NH_3，アニリン $C_6H_5NH_2$
2 価	$Ca(OH)_2$，$Ba(OH)_2$	$Mg(OH)_2$
3 価		$Fe(OH)_3$

$$\text{電離度} = \frac{\text{H}^+ \text{の濃度}}{\text{酸の濃度} \times \text{価数}} \tag{9.7}$$

電離度が1であれば，溶解した酸がすべて電離していることを示す．電離度は濃度によって変化し，濃度が大きくなるにつれて電離度は小さくなる傾向がある．

電離度を 25 ℃, 0.1 mol/L の水溶液で比較した場合，強酸の HCl が 0.94, HNO_3 が 0.92, 弱酸の CH_3COOH が 0.016 の程度である．電離度が1に近ければ強酸，桁がそれよりも小さければ弱酸である．

強酸，弱酸の分類は電離度の大きさだけで決まり，価数は酸の強弱に無関係である．また銀や銅を溶かすかどうかは，酸化力の強弱に関係する点であり，酸の強弱（電離度）とは一般的には無関係である．

強塩基，弱塩基の分類も酸と同様，水に溶解したときの電離度で評価される．電離度が1に近ければ強塩基，桁がそれより小さければ弱塩基である．

$$\text{電離度} = \frac{\text{OH}^- \text{の濃度}}{\text{塩基の濃度} \times \text{価数}} \tag{9.8}$$

■例題■ 0.1 mol/L の酢酸水溶液の電離度は 0.02 である．水素イオン濃度はいくらか．

解答 2×10^{-3} mol/L

【解説】酢酸 CH_3COOH の価数は1である．水素イオン濃度を $[H^+]$, 酸の濃度を c, 電離度を α で表すと

column 活量，活量係数について

希薄な溶液の場合は溶媒に比較して溶質の割合がきわめて小さいので，溶質どうしの相互作用や溶質自身の体積を考慮しなくてよく，実際の濃度に相当する溶質が溶液のなかを自由に動き回っている状態にある．しかし，ある程度の濃い溶液になると，溶質どうしの相互作用のために溶質の運動が制限され，さらに溶質自身の体積のために自由に動き回れる空間が溶液の体積に比べて小さくなる．こうなってくると，溶質が発揮する溶質としての性質は，実際の濃度よりも小さいものとなるので，さまざまな性質を計算するときに実際の濃度を使用するとずれが生じる．このようなときに，実際の濃度の代わりに使用するのが活量 a である．濃い溶液では実際の濃度ではなく，活量に相当する濃度分だけ溶液の性質の発現に寄与することになる．活量を実際の濃度で割ったものを活量係数 γ といい，希薄な溶液では活量係数が1となる．

$$[\text{H}^+] = c\alpha$$
$$= 0.1 \times 0.02$$
$$= 2 \times 10^{-3}$$

9.3 水素イオン濃度をどう表現するか？

水溶液が酸性を示すか塩基性(アルカリ性)を示すかは，純粋な水と比較して，水素イオン濃度 $[\text{H}^+]$ が大きいか小さいかによって決まる．酸性，塩基性を正しく理解するためには，水の電離平衡，イオン積の考え方をおさえたうえで，pH など一般に用いられる水素イオン濃度の表現方法を理解する必要がある．順番に見ていこう．

9.3.1 水のイオン積

(a) 純粋な水の電離平衡

純粋な液体の水 H_2O は，次のように水素イオン H^+ と水酸化物イオン OH^- に電離して平衡を保っている．

$$\text{H}_2\text{O} \rightleftharpoons \text{H}^+ + \text{OH}^- \tag{9.9}$$

この電離平衡の電離定数(平衡定数)は

$$K = [\text{H}^+][\text{OH}^-]/[\text{H}_2\text{O}] \tag{9.10}$$

と表現される．$[\text{H}^+]$, $[\text{OH}^-]$, $[\text{H}_2\text{O}]$ はそれぞれ H^+，OH^-，H_2O のモル濃度(mol/L)である(一般に [ ] は，[ ] 内の化学式のモル濃度を表す)．

いま考えているのは純粋な水なので，$[\text{H}_2\text{O}]$ は溶質のモル濃度ではなく，1 L の水が何 mol に相当するかを表している．水 1 L は 997 g (25 ℃)であり，1 mol = 18 g なので，$[\text{H}_2\text{O}] = 997/18 = 55.4$ mol/L となる．$[\text{H}_2\text{O}]$ は $[\text{H}^+]$，$[\text{OH}^-]$ に比べてずっと大きいので，$[\text{H}^+]$, $[\text{OH}^-]$ に影響されず，55.4 mol/L で一定していると考えることができる．$[\text{H}_2\text{O}]$ は定数とみなすことができるので，式(9.10)を変形して，定数を左辺にまとめると

$$K[\text{H}_2\text{O}] = [\text{H}^+][\text{OH}^-] \tag{9.11}$$

$K[\text{H}_2\text{O}]$ を $K\text{w}$ とすると

$$K\text{w} = [\text{H}^+][\text{OH}^-] \tag{9.12}$$

この $K\text{w}$ を水のイオン積と呼ぶ．平衡定数と同様に，温度だけに依存する定数である．25 ℃で水のイオン積 $K\text{w}$ はきりのよい値をとり，1.0×10^{-14} $(\text{mol/L})^2$ である．

$$[H^+][OH^-] = 1.0 \times 10^{-14} \, (\text{mol/L})^2 \quad (25\,°C) \quad (9.13)$$

純粋な水であれば，式 (9.9) の電離で H^+ と OH^- が同じだけ生じるので，式(9.13)で $[H^+]=[OH^-]$ とすると，

$$[H^+] = [OH^-] = 1.0 \times 10^{-7} \, \text{mol/L} \quad (9.14)$$

このように，純粋な水の 25 °C での水素イオン濃度，水酸化物イオン濃度は両方とも 1.0×10^{-7} mol/L である．この数値は，酸性，塩基性の判断の基準となる重要な濃度となる．

(b) 酸，塩基が溶解したとき

純粋な水に酸が溶けると H^+ が加わるから，式 (9.9) の平衡は H^+ を減らす方向，すなわち左に移動することになり，OH^- は減少する．このときでも $[H^+][OH^-] = 1.0 \times 10^{-14} \, (\text{mol/L})^2$ は成立するので，H^+ の増加に反比例して OH^- は減少する．水溶液は酸性に傾く．

逆に，塩基が水に溶けたときは OH^- が加わるから，式 (9.9) の平衡は OH^- を減らす方向，すなわち左に移動することになり，H^+ は減少する．このとき OH^- の増加に反比例して H^+ は減少する．水溶液は塩基性（アルカリ性）に傾く．

温度が一定の水溶液中では，$[H^+]$ と $[OH^-]$ は反比例の関係にある．

純粋な水の $[H^+]$，$[OH^-]$ は両方とも等しく 10^{-7} mol/L だが，水を空気中に放置すると，空気中の二酸化炭素が水に溶解して炭酸を生じるため，$[H^+]$ が増加，$[OH^-]$ が減少した状態となる．空気中に二酸化炭素は 0.04 % 存在するが，それと平衡状態にある水では，純粋な水に比べて $[H^+]$ が 20 倍増加，$[OH^-]$ は 20 分の 1 に減少している．

■**例題**■ 0.05 mol/L の水酸化ナトリウム水溶液の水素イオン濃度を計算せよ．

解答 2×10^{-13} mol/L

【解説】水のイオン積 $K_w = [H^+][OH^-]$ を使用する．

$$\begin{aligned}[H^+] &= K_w / [OH^-] \\ &= 10^{-14} / 0.05 \\ &= 2 \times 10^{-13}\end{aligned}$$

(c) 水のイオン積の温度依存性

式 (9.9) の電離平衡は右方向への反応が吸熱なので，温度が上がると平衡は右に移動する．つまり，温度が上がると水のイオン積は大きくなる．25 °C 以外では，水のイオン積 K_w が 1.0×10^{-14} (mol/L)^2 でないことに注意して水素イオン濃度を議論する必要がある．たとえば，100 °C では水のイオン積 K_w が 5.5×10^{-13} なので，[H$^+$] = [OH$^-$] = 7.4×10^{-7} mol/L となる．ただし室温付近の場合は，近似的に 10^{-14} の値が使われることが多い．

9.3.2 水素イオン指数 (pH)

水素イオン濃度は，ほぼ $10^{-14} \sim 1$ mol/L の範囲にある．数値は 14 桁も変動して範囲が広いうえ，10^{-14} や 10^{-13} など非常に小さい数値を扱う必要があるので，取り扱いがかなり面倒である．そこで，この濃度の右上の数字（指数）を取りだしてマイナス符号を取り除き，水素イオン濃度を表現することにした．これが水素イオン指数 pH（ピーエイチ，またはペーハーと読む）である．

水素イオン濃度　　　　　pH
10^{-12} → 12

pH を定義すると次式のようになる．

$$\text{pH} = -\log[\text{H}^+] \tag{9.15}$$

水素イオン濃度が大きくなれば，pH は小さくなる．

10^{-12} のように 10 の何乗と表現される数値の場合は，上の例のように単純だが，数値が 2×10^{-12} のようになると，式 (9.15) を使って計算する必要がある．

純粋な水の [H$^+$] は 1.0×10^{-7} mol/L なので，pH は 7 となる．水素イオン濃度が増えて酸性に寄れば，pH は 7 より小さくなり，アルカリ性に寄れば，pH は 7 より大きくなる．

注意したいのは pH = 7.0 だけを中性と呼ぶのではないこと．だいたいの目安として，pH が 6～8 であれば中性とされる．また，酸性の強弱は表 9.2 のように pH 3，アルカリ性の強弱は pH 11 を境にして区別されることもあ

表 9.2 水素イオン濃度，水酸化物イオン濃度，pH，液性との関係

pH	0	1	2	3	4	5	6	7	8	9	10	11	12	13	14
[H$^+$]	1	10^{-1}	10^{-2}	10^{-3}	10^{-4}	10^{-5}	10^{-6}	10^{-7}	10^{-8}	10^{-9}	10^{-10}	10^{-11}	10^{-12}	10^{-13}	10^{-14}
[OH$^-$]	10^{-14}	10^{-13}	10^{-12}	10^{-11}	10^{-10}	10^{-9}	10^{-8}	10^{-7}	10^{-6}	10^{-5}	10^{-4}	10^{-3}	10^{-2}	10^{-1}	1
液性	強酸性				弱酸性			中性		弱アルカリ性			強アルカリ性		

液性の境界は一例を示した．

るが，その境界は絶対的なものではない．

■**例題**■ 次の水溶液のpHを求めよ．
① 0.02 mol/Lの水酸化ナトリウム水溶液
② 0.2 mol/Lの酢酸水溶液(電離度0.01とする)

解答 ① 12.3, ② 2.7

【解説】① まず，水素イオン濃度[H⁺]を求める．

$$[H^+] = K_w / [OH^-]$$
$$= 10^{-14} / 0.02$$
$$= 5 \times 10^{-13} \text{ mol/L}$$
$$pH = -\log [H^+]$$
$$= -\log (5 \times 10^{-13})$$
$$= 13 - \log 5$$
$$= 12.3$$

② $[H^+] = 0.2 \times 0.01 = 2 \times 10^{-3}$ mol/L
$$pH = -\log [H^+]$$
$$= -\log (2 \times 10^{-3})$$
$$= 3 - \log 2$$
$$= 2.7$$

column 水平化効果

表9.2のように，pHの値は7を中心に0から14の範囲で表されることが多い．しかし，pHが0を下回る酸や14を超えるアルカリが存在しないわけではない．1 mol/Lよりも濃い塩酸はpHが0よりも小さくなるし，1 mol/Lよりも濃い水酸化ナトリウム水溶液はpHが14を上回る．

教科書などでは0未満や14を超えるpHが登場しない．これは，水が溶媒の場合，pH 0〜14の範囲外ではpHという指標が役立たなくなるからである．pHは水溶液中の酸性の大小関係を表現する指標だが，pH 0よりも下の領域では，酸の強さに違いがあっても，ほぼ同じpHとなって現れてしまう．これが水平化効果である．いい換えれば，水中で酸，塩基の強弱を区別できるのはpH 0〜14の範囲内だけである．

たとえば，塩化水素HCl, 臭化水素HBr, ヨウ化水素HIはいずれも強酸で，この三つのなかではヨウ化水素が最も酸として強く(プロトンH⁺を反応相手に与える能力が高く)，臭化水素，塩化水素と続く．H⁺を与える相手が水分子の場合，酸の強さの違いは観察されない(水平化効果)．これはきわめて優秀な学生3人が試験を受けたとき，やさしい問題だと全員が100点になってしまって，能力の違いが現れないのに似ている．

9.4 中和

9.4.1 中和反応

酸と塩基が反応して，塩*3 を生じる反応を中和，または中和反応と呼ぶ．このとき酸から塩基に向けて H^+ が移動し，酸は酸としての性質を失い，塩基は塩基としての性質を失う．多くの中和反応で，塩とともに H_2O が生じる．水酸化ナトリウム水溶液と塩酸との中和反応を化学反応式で書くと

$$NaOH + HCl \longrightarrow NaCl + H_2O \qquad (9.17)$$

*3 中和において，塩は「えん」と読み，「しお」とは読まない．「しお」は日常用語で，食塩 NaCl のことである．

しかし，水溶液中のイオンに着目して，反応容器のなかで実際に起こっている反応を考えてみると，

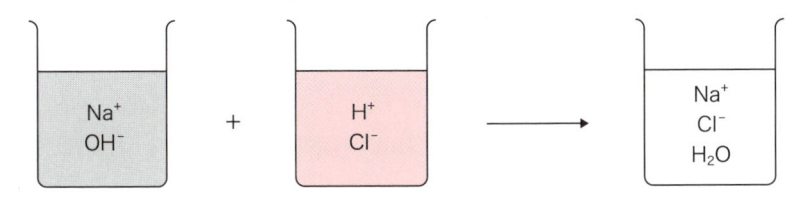

[Na^+ OH^-] + [H^+ Cl^-] ⟶ [Na^+ Cl^- H_2O]

であり，反応の前後で，Na^+ と Cl^- は変化していない．実質変化しているのは H^+ と OH^- だけであり，これを反応式で書くと，

$$H^+ + OH^- \longrightarrow H_2O \qquad (9.18)$$

強酸と強塩基の反応では，このように H^+ と OH^- が反応して H_2O となるのが実質的な反応であることに注意しよう．反応後の水溶液を乾固させれば NaCl が得られるが，反応を起こしたのは H^+ と OH^- のみである．

---

column 酸性を示す塩，塩基性を示す塩

弱酸と強塩基の塩が塩基性を示す理由，および強酸と弱塩基の塩が酸性を示す理由は，以下に示す塩の加水分解によって説明される．

(a) CH_3COONa が塩基性の理由

CH_3COONa を水に溶解させると，まず100%電離してイオンに分かれる．

$$CH_3COONa \rightarrow CH_3COO^- + Na^+ \qquad (9.25)$$

CH_3COO^- は，弱酸 CH_3COOH が電離してできるイオン（CH_3COOH の共役塩基）なので，一部がすぐに H_2O と反応してしまう．

$$CH_3COO^- + H_2O \rightleftharpoons CH_3COOH + OH^-$$

この反応で OH^- が生成するため，CH_3COONa は塩基性を示す．弱酸と強塩基の塩が塩基性となるのは，塩が電離して生じる弱酸の共役塩基が H_2O と反応して OH^- を生成するためということができる．

(b) NH_4Cl が酸性の理由，

NH_4Cl が水に溶解すると，同様に100%電離してイオンとなる．

$$NH_4Cl \rightarrow NH_4^+ + Cl^-$$

NH_4^+ は H_2O と反応して H_3O^+ を生成する．

$$NH_4^+ + H_2O \rightleftharpoons NH_3 + H_3O^+$$

このため NH_4Cl は酸性を示す．強酸と弱塩基の塩が酸性となるのは，塩が電離してできる弱塩基の共役酸が H_2O と反応して，H_3O^+ を生じるためである．

9.4.2 中和条件と中和滴定

式 (9.17) を見てわかるように，HCl は 1 価の酸であり，NaOH は 1 価の塩基である (9.2.2 参照)．1 価の酸と 1 価の塩基が完全に過不足なく中和反応するためには，同じ物質量の酸と塩基が必要である．

硫酸と水酸化ナトリウム水溶液の中和反応を考える．硫酸は 2 価の酸だから，硫酸の化学式 1 個分から，2 個の H^+ が生じる．だから，硫酸と水酸化ナトリウムが完全に中和反応するためには，水酸化ナトリウムは，硫酸の 2 倍の物質量が必要となる．

$$2\,NaOH\ +\ H_2SO_4\ \longrightarrow\ Na_2SO_4\ +\ 2\,H_2O \qquad (9.19)$$

公式化すると，中和条件は

$$\text{酸の物質量} \times \text{酸の価数}\ =\ \text{塩基の物質量} \times \text{塩基の価数} \qquad (9.20)$$

酸の水溶液の濃度を C (mol/L)，体積を V (mL)，価数を N，塩基の水溶液の濃度を C' (mol/L)，体積を V' (mL)，価数を N' とすると，中和条件は，

$$\frac{NCV}{1000} = \frac{N'C'V'}{1000} \qquad (9.21)^{*4}$$

*4 両辺の分母の 1000 を省略してもよい．分母に 1000 があるとき，両辺はやりとりされる H^+ の物質量である．

■**例題**■ 0.2 mol/L の硫酸 100 mL を完全に中和するのに，0.1 mol/L の水酸化ナトリウム水溶液は何 mL 必要か．

解答 400 mL

【**解説**】硫酸は 2 価の酸，水酸化ナトリウムは 1 価の塩基である．
中和条件の式 $NCV/1000 = N'C'V'/1000$ より

---

column 正塩，酸性塩，塩基性塩——酸性塩が酸性とは限らない

放出される可能性のある H^+，OH^- が残っていない塩が正塩である．NaCl，Na_2SO_4 などが代表的な例である．

一方，$NaHSO_4$，$NaHCO_3$ は放出される可能性のある H^+ が塩のなかに残っているので，酸性塩と呼ばれる．同様に，塩基性塩の例としては MgCl(OH) などがある．

水に溶解したときに酸性塩が酸性，塩基性塩が塩基性を示すとは限らないので注意が必要である．

・酸性塩の例
$NaHSO_4$：弱酸性
$NaHCO_3$（炭酸水素ナトリウム，重曹）
　　　　：弱塩基性（重要）
Na_2HPO_4（リン酸水素二ナトリウム）：弱塩基性
NaH_2PO_4（リン酸二水素ナトリウム）：弱酸性

$$2 \times 0.2 \times 100/1000 = 1 \times 0.1 \times V'/1000$$
$$V' = 400$$

9.4.3 中和滴定——中和点は中性とは限らない

上の中和条件の式を利用して，酸（または塩基）の未知の濃度を求める操作を中和滴定という．ホールピペットを使って採取した一定体積の酸（または塩基）の水溶液に，ビュレットから塩基（または酸）の水溶液を滴下し，中和点までに要した塩基（または酸）の水溶液の体積を求める．中和点は酸（または塩基）に加えた指示薬の色の変化から知る．酸，塩基どちらかの濃度がわかっていれば，もう片方の濃度を中和条件の式から求めることができる．

図 9.2 に 0.10 mol/L の酸の水溶液 20 mL に 0.10 mol/L の水酸化ナトリウム水溶液を滴下した際の pH 変化を示した．pH は中和点で急激に変化する．実際の中和滴定実験ではビュレットからの 1，2 滴の滴下で一気に中和点を通過してしまうことが多いので，中和点の直前では滴下の操作を慎重に行う必要がある．

中和点は中性とは限らない．塩酸と水酸化ナトリウムや，硫酸と水酸化ナトリウムのように，強酸と強塩基が中和反応した場合，中和点は中性で pH はほぼ 7 となる．中和滴定の際は，中和点の前後で pH 3 前後から 11 前後まで一気に大きく変化するので，指示薬は弱酸性に変色域のあるメチルレッド，メチルオレンジでも，弱塩基性に変色域のあるフェノールフタレインでもよい[*5]．中和点が中性であることは，生成した塩（NaCl や Na_2SO_4 など）が中性を示すことを意味する．

*5 変色域はメチルオレンジ（赤〜 pH 3.1　pH 4.4 〜橙黄），メチルレッド（赤〜 pH 4.2　pH 6.2 〜黄），フェノールフタレイン（無〜 pH 8.0　pH 9.8 〜赤）．

column　緩衝溶液

普通の水溶液に酸や塩基が加わると，その pH は急激に大きく変動する．しかし，酢酸と酢酸ナトリウムの混合溶液などのように，「弱酸」と「弱酸の塩」の混合溶液，または「弱塩基」と「弱塩基の塩」の混合溶液は，酸や塩基が少し加わっても pH はほとんど変動しない．このように酸や塩基の影響をやわらげる作用を，緩衝作用と呼び，緩衝作用を示す溶液を緩衝溶液と呼ぶ．緩衝溶液は pH が変動しにくいことから，pH メーターの校正（キャリブレーション）に使用される．

代表的な例として，酢酸 CH_3COOH と酢酸ナトリウム CH_3COONa が 1：1 で溶解した混合溶液を見てみよう．

酢酸はごく一部が電離する．
$$CH_3COOH \rightarrow CH_3COO^- + H^+ \qquad (9.31)$$
　　多　　　　　少　　　少

酢酸ナトリウムは 100% 電離する．
$$CH_3COONa \rightarrow CH_3COO^- + Na^+ \qquad (9.32)$$
　　多　　　　　多　　　多

これらの混合溶液中では CH_3COOH 分子と CH_3COO^- イオンの両方が多く存在することになる．これが緩衝作用を示す秘訣となる．酸（H^+）が加わればただちに CH_3COO^- と反応して H^+ は消費され，塩基（OH^-）が加わればただちに CH_3COOH と反応して OH^- が消費されるというメカニズムである．これにより酸，塩基の添加による pH 変化は抑えられる．

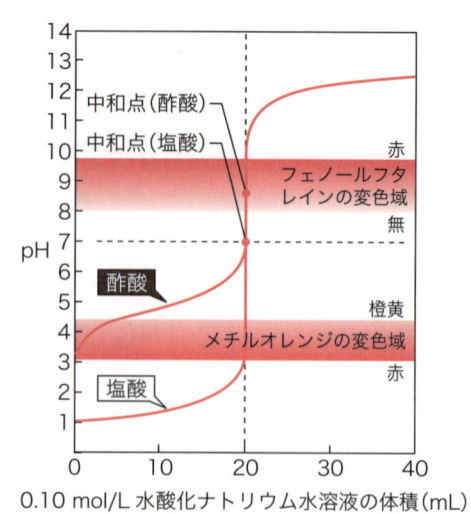

図 9.2 　0.10 mol/L 酢酸水溶液 20 mL，または 0.10 mol/L 塩酸 20 mL に，0.10 mol/L 水酸化ナトリウム水溶液を滴下した中和反応の滴定曲線

　一方，強酸と弱塩基が中和反応した場合，中和点は酸性になり，弱酸と強塩基が中和反応した場合は，中和点は塩基性となる．図 9.2 のように，酢酸と水酸化ナトリウム水溶液の中和滴定の場合は，中和点が弱塩基性なので，指示薬は弱塩基性に変色域があるフェノールフタレインを使用する必要がある．強酸と弱塩基の中和滴定の場合は，メチルレッドまたはメチルオレンジを用いる．

章末問題

1．アレニウスの定義では酸に分類されないが，ブレンステッドの定義では酸に分類される物質の例をあげよ．同様の塩基の例もあげよ．

2．NH_3 が H_2O に溶解する反応を化学反応式で記し，共役酸と共役塩基について説明せよ．

3．0.2 mol/L の硫酸 100 mL と，0.1 mol/L の NaOH 水溶液 900 mL を混合して中和反応させると，その水溶液の水酸化物イオン濃度 (mol/L) はいくらになるか．

4．弱酸における電離度 α，濃度 c(mol/L)，水素イオン濃度 $[H^+]$(mol/L) の関係を記せ．

5．0.10 mol/L の酢酸水溶液 20 mL を 0.10 mol/L の水酸化ナトリウム水溶液で中和滴定したときの pH 変化について説明せよ．

第10講 酸化と還元

私たちは生活のさまざまな場面で燃焼を利用している．無関係そうな「電気」でさえも燃焼のエネルギーから発電する火力発電が主要な役割を果たしている．その燃焼は代表的な酸化である．また，材料として重要な各種金属は，酸化物などの鉱物から還元して得ている．まず酸素を主役にした酸化と還元から，ずっと広い電子を主役にした酸化と還元を見ていき，さらに酸化と還元の利用として酸化還元滴定や電池などへの応用を考えていこう．

10.1 酸化と還元

10.1.1 酸素を主役にした酸化と還元
(a) せまい意味の酸化

私たちは空気に囲まれて生活している．空気中には約21％の酸素が含まれている．多くの生物が酸素なくして一時も生存できないのは，ヒト成人で約60兆個といわれる細胞1個1個に血液を通して栄養分と酸素が送り届けられ，栄養分と酸素から生きていくためのエネルギーが絶えずつくりだされているからだ．もし酸素がなければ，細胞からなる体は生きていけない．暖をとったり，料理をするための燃焼が，燃料と酸素があってはじめて成り立つことと同じである．

食器洗い用のスチールウールは，できるだけほぐしてから火をつけるとチカチカと燃焼し，酸化鉄（III）Fe_2O_3をメインとする酸化鉄[*1]になり，手でもむとボロボロになる．また，マグネシウム片（銀色）に火をつけると，まぶしい光を発しながら燃焼し，白色の酸化マグネシウムの粉末になる．

燃焼だけではない．鉄くぎは古くなるとさびていくが，これも酸素が関係している．鉄が空気中の酸素と化合して，ゆっくりと鉄の酸化物や水酸化物

[*1] スチールウールの燃焼生成物は，酸化鉄（III）Fe_2O_3や四酸化三鉄Fe_3O_4などの混合物である．

になっていくからである.

$$\underset{\text{鉄}}{4\,\text{Fe}} + \underset{\text{酸素}}{3\,\text{O}_2} \xrightarrow{\text{酸化された(酸素と化合した)}} \underset{\text{酸化鉄(Ⅲ)}}{2\,\text{Fe}_2\text{O}_3} \qquad (10.1)$$

$$\underset{\text{マグネシウム}}{2\,\text{Mg}} + \underset{\text{酸素}}{\text{O}_2} \xrightarrow{\text{酸化された(酸素と化合した)}} \underset{\text{酸化マグネシウム}}{2\,\text{MgO}} \qquad (10.2)$$

これらの反応において,鉄やマグネシウムは酸素と化合して酸化鉄や酸化マグネシウムになっている.このとき,鉄やマグネシウムは酸化されたという.できた酸化鉄(Ⅲ)や酸化マグネシウムを酸化物という.

このような酸素を主役にして「酸化された」というのは,せまい意味である(今後,酸素主役から脱して,酸化を広い意味で考えていく).せまい意味では,物質に酸素が結合することを酸化という.

(b) せまい意味の還元

酸化物が酸素を失う反応を還元という.たとえば,銅を空気中で熱すると酸素と化合して黒色の酸化銅(Ⅱ) CuO になる.この酸化銅(Ⅱ)を水素を流しながら熱すると,酸化銅(Ⅱ)は酸素を失って銅にもどる.このとき,酸化銅(Ⅱ)は「還元された」という.

$$\text{CuO} + \text{H}_2 \longrightarrow \text{Cu} + \text{H}_2\text{O} \qquad (10.3)$$
(CuO→Cu: 還元された / H₂→H₂O: 酸化された)

この反応において水素に注目すると,水素は酸素と結びついて水になっているので,酸化されていることがわかる.つまり水素は酸化銅(Ⅱ)で酸化され,酸化銅(Ⅱ)は水素によって還元されている.

このとき,酸化と還元は同時に起こっている.

なお,式 (10.2) の反応において,マグネシウムは酸化されているのがすぐわかるが,同時に還元も起こっているといわれても理解しにくいかもしれない.実は,このとき酸素は還元されて酸化マグネシウム中の O^{2-} になっている.このことは,酸化・還元を電子を主役にして定義すると理解できるようになる(10.1.3 参照).

10.1.2 水素を主役にした酸化と還元

次に，熱した酸化銅(II) CuO とメタノール CH_3OH の蒸気を反応させた場合を考えてみよう．やはり反応後,金属の銅ができる．つまり,酸化銅(II)は還元されたのである．

このとき酸化されたメタノールはホルムアルデヒド HCHO になっている．メタノールとホルムアルデヒドを比べてみると，水素原子の数が減っているのに気づくだろう．酸化とは，水素を失う変化と考えることもできる．

こうして酸化と還元とは，酸素原子や水素原子のやり取りで定義されるようになった．酸化とは，酸素と化合する反応，あるいは水素を失う反応であり，還元とは，酸素を失う反応，あるいは水素と化合する反応である．

10.1.3 電子を主役にした酸化と還元

たとえば，熱した銅を塩素を満たしたフラスコに入れると，激しく反応して塩化銅(II)になる．

$$Cu + Cl_2 \longrightarrow CuCl_2 \tag{10.4}$$

この反応において，銅はどのように変化しただろうか．$CuCl_2$ は，Cu^{2+}〔銅(II)イオン〕と Cl^-(塩化物イオン)がイオン結合で結びついている物質である．つまりこの反応で，銅は銅(II)イオンになっている．このとき，銅から塩素に電子を渡し，

$$Cu \longrightarrow Cu^{2+} + 2e^- \tag{10.5}$$

という反応をしている．

銅+酸素の場合でも，銅は，銅(II)イオンと酸化物イオンになっており，銅から酸素に電子を渡している．つまり，銅と塩素の反応も，銅と酸素の反応も，電子を主役にすると同じような反応である．そこで，銅と塩素の反応も銅が酸化されたという．このような酸素がかかわらない反応も，酸化反応であるといえることになる．

酸化された(電子を失った)

$$\begin{align}Cu &\longrightarrow Cu^{2+} + 2e^- \\ 2Cu &\longrightarrow 2Cu^{2+} + 4e^-\end{align} \tag{10.6}$$

$$O_2 + 4e^- \longrightarrow 2O^{2-} \tag{10.7}$$

還元された(電子を得た)

酸化された銅は電子を失い，還元された酸素は電子を得ている．したがっ

て，「酸化された＝電子を失った」，「還元された＝電子を得た」ということになる．

ここで，酸素や水素のやり取りがない反応でも，電子のやり取りがあれば酸化と還元が起こっているということができる．こうして酸化と還元の概念はずっと広くなったのである．

金属と酸との反応，たとえば，

$$Zn + H_2SO_4 \longrightarrow ZnSO_4 + H_2 \qquad (10.8)$$

において，亜鉛は電子を失っている．つまり，亜鉛は酸化されている．

$$Zn \longrightarrow Zn^{2+} + 2e^- \qquad (10.9)$$

硫酸は電離して水素イオンと硫酸イオンにばらばらになっているが，水素イオンが水素になる，つまり $2H^+ + 2e^- \rightarrow H_2$ なので，水素イオン（物質レベルでは硫酸）は還元されたことになる．こうして，酸化は，反応にかかわる原子あるいは原子団が電子を失うこと，還元とは電子を得ることという定義に広げられるのである．

二つの物質の間で，酸素原子・水素原子または電子のやり取りが行われている反応では，酸化されている物質があれば必ず還元されている物質がある．このため，二つの物質の間で酸素原子・水素原子または電子のやり取りが行われている反応を，一般に酸化還元反応という．酸化だけが起こったり，還元だけが起こるといった反応はない．

■**例題**■ 次の化学反応を化学反応式で示せ．また，酸化された物質，還元された物質の電子の授受を，電子 e^- を含むイオン反応式で示せ．
① 金属ナトリウムは塩素ガス中で燃えて塩化ナトリウムになる．
② 酸化鉄（Ⅲ）の粉末とアルミニウムの粉末の混合物に点火すると非常に激しい反応が起こって金属の鉄ができる（テルミット反応）．

解答 ① $2Na + Cl_2 \longrightarrow 2NaCl$
　　　　酸化された物質　$Na \longrightarrow Na^+ + e^-$
　　　　還元された物質　$Cl_2 + 2e^- \longrightarrow 2Cl^-$
　　② $Fe_2O_3 + 2Al \longrightarrow Al_2O_3 + 2Fe$
　　　　酸化された物質　$Al \longrightarrow Al^{3+} + 3e^-$
　　　　還元された物質　$Fe^{3+} + 3e^- \longrightarrow Fe$

【解説】① 水に投じると激しく反応するナトリウムと，毒ガス兵器にも使われた塩素ガスから私たちが日常摂取している塩化ナトリウムが

NaCl は Na$^+$ と Cl$^-$ からできているイオン化合物（イオン結晶）である．Na が放出した電子を Cl が受け取って，それぞれ Na$^+$ と Cl$^-$ になる．Na は電子を失っているので「酸化された物質」，Cl^2 は電子を得ているので「還元された物質」である．

② この反応は激しい発熱反応で鉄は融解状態で得られる．かつては，この融解した鉄を線路のレールの溶接などに使った．

酸素のやり取りで考えると，Fe$_2$O$_3$ は酸素を失ったので「還元された物質」，Al は酸素と結合しているので「酸化された物質」である．電子のやり取りでも，Al は電子を失っており，Fe^{3+}（物質としては Fe$_2$O$_3$）は電子を得ている．

10.2 酸化数

酸化・還元を電子のやり取りから考えるとき，イオン結合性の物質が関係している反応の場合には，電子のやり取りの関係ははっきりしている．

しかし，たとえば水素と酸素とが化合して水ができる反応，

$$2\,H_2 + O_2 \longrightarrow 2\,H_2O \tag{10.10}$$

のように，共有結合性の物質が関係している酸化還元反応では，電子のやり取りの関係ははっきりしない．電子のやり取りを共有結合性の物質にまで広げるために，酸化数の変化が考えられるようになった．これは共有結合に関係している電子を，陰性の高いほうの原子に形式的に全部割り当てたものである．

H$_2$O では，H・2 個と ·Ö: とが電子対を共有して共有結合をしている．酸素原子のほうが水素原子よりも陰性が強いから，共有された電子対が全部 O に属すると考えると，H は 1 電子を失い，O は 2 電子を得たことになる．そこで酸化数は H, O それぞれ +1, −2 となる．

酸素の酸化数はいつも −2 とは限らない．過酸化水素は無色で粘度の高い液体（融点 −1.7 ℃，沸点 151 ℃）で，分子は H–O–O–H の結合でつくられているが直線的ではなく，2 個の O–H 結合が一平面上にはないコの字形の構造をもっている[*2]．

過酸化水素 H$_2$O$_2$ では，同じ種類の酸素原子どうしについて電子のやり取りを考えないので，O 1 個は 1 電子を得るだけであるから，この場合の O の酸化数は −1 となる．

酸化数は次のようにして決める．

[*2] H–Ö–Ö–H

(1) 単体の原子の酸化数は 0．
(2) 単原子イオンの酸化数は，そのイオンの価数に等しい．
(3) 化合物中の水素原子の酸化数は +1，酸素原子の酸化数は -2．
(4) 電気的に中性な化合物中の原子の酸化数の総和は 0．
(5) 多原子イオン中の成分原子の酸化数の総和は，そのイオンの価数に等しい．

ある原子が酸化されるときには電子を失うから，酸化数は増加することになり，還元されるときには電子を得るから，酸化数は減少することになる．
水素と酸素とが化合して水ができる反応で，酸化数の変化を考えてみよう．

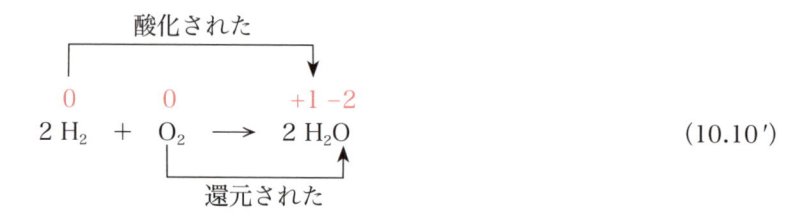

$$\underset{0}{2H_2} + \underset{0}{O_2} \longrightarrow 2\underset{+1\ -2}{H_2O} \tag{10.10'}$$

酸化された / 還元された

水素の酸化数は 0 から +1 に増加し，酸素の酸化数は 0 から -2 に減少しているので，水素は酸化され，酸素は還元されたことになる．

■例題■ 次の物質中の下線を引いた原子の酸化数を求めよ．
① $\underline{Cu}_2O$，② $H_2\underline{S}O_4$，③ $\underline{Mn}O_4^-$

解答 ① 求める酸化数を x とおくと
$x \times 2 + (-2) = 0$ ∴ $x = +1$
② 求める酸化数を y とおくと
$(+1) \times 2 + y + (-2) \times 4 = 0$ ∴ $y = +6$
③ 求める酸化数を z とおくと
$z + (-2) \times 4 = -1$ ∴ $z = +7$

ここまでの酸化還元の定義をまとめておこう（図 10.1）．酸素や水素のやり取りから，電子の授受，酸化数の増減に定義が拡張されている．

図 10.1 酸化還元の定義のまとめ

10.3 酸化剤と還元剤

たとえば消化剤のように,「〜剤」は「相手を〜する物質」という意味である. 酸化剤は相手を酸化する物質(自分自身は還元される物質)で,還元剤は相手を還元する物質(自分自身は酸化される物質)である.

　　酸化剤　⇒　相手物質を酸化し,自身が還元される物質
　　還元剤　⇒　相手物質を還元し,自身が酸化される物質

一般に,酸化剤はほかの分子などから電子をうばいやすい性質をもつ物質で,酸素やオゾンのほか,酸化の度合いが高い酸化物 (MnO_4^- など),硝酸,過マンガン酸カリウムや二クロム酸カリウム,塩素,臭素などのハロゲンがよく用いられる.

一方,還元剤には水素や不安定な水素の化合物 (HI,H_2S など) をはじめ,二酸化硫黄やアルカリ金属,Mg,Ca,Zn などの金属,$Fe(II)$ 塩などのほか,ギ酸,シュウ酸などの有機物が用いられる.

また,過酸化水素[*3]のように,反応する相手に応じて酸化剤あるいは還元剤のいずれかとして作用する物質もある.ほかの物質から電子をうばいやすい物質が酸化剤,電子を与えやすい物質が還元剤であるが,強い酸化剤→弱い酸化剤→弱い還元剤→強い還元剤という一続きの系列は,電子をほしが

[*3] 過酸化水素は酸化剤としても,また還元剤としても作用する.
H_2O_2 は酸化剤としては次のような反応を起こす.
$H_2O_2 + 2H^+ + 2Fe^{2+}$
　　$\rightarrow 2H_2O + 2Fe^{3+}$
還元剤としては酸性溶液で(総括反応として),
$2MnO_4^- + 5H_2O_2 + 6H^+$
　　$\rightarrow 2Mn^{2+} + 5O_2\uparrow + 8H_2O$
塩基性溶液で(総括反応として),
$2MnO_4^- + 3H_2O_2$
$\rightarrow 2MnO_2\downarrow + 3O_2\uparrow + 2H_2O + 2OH^-$
などの反応が知られている.

表 10.1(a)　いろいろな酸化剤の半反応式

酸化剤	電子を含む反応式
ハロゲンの単体	$Cl_2 + 2e^- \longrightarrow 2Cl^-$
過マンガン酸イオン	$MnO_4^- + 8H^+ + 5e^- \longrightarrow Mn^{2+} + 4H_2O$
二クロム酸イオン	$Cr_2O_7^{2-} + 14H^+ + 6e^- \longrightarrow 2Cr^{3+} + 7H_2O$
濃硝酸	$HNO_3 + H^+ + e^- \longrightarrow NO_2 + H_2O$
希硝酸	$HNO_3 + 3H^+ + 3e^- \longrightarrow NO + 2H_2O$
熱濃硫酸	$H_2SO_4 + 2H^+ + 2e^- \longrightarrow SO_2 + 2H_2O$
二酸化硫黄	$SO_2 + 4H^+ + 4e^- \longrightarrow S + 2H_2O$
過酸化水素	$H_2O_2 + 2H^+ + 2e^- \longrightarrow 2H_2O$

表 10.1(b)　いろいろな還元剤の半反応式

還元剤	電子を含む反応式
金属の単体	$Zn \longrightarrow Zn^{2+} + 2e^-$
ハロゲン化物イオン	$2I^- \longrightarrow I_2 + 2e^-$
鉄(II)イオン	$Fe^{2+} \longrightarrow Fe^{3+} + e^-$
シュウ酸	$H_2C_2O_4 \longrightarrow 2CO_2 + 2H^+ + 2e^-$
硫化水素	$H_2S \longrightarrow S + 2H^+ + 2e^-$
二酸化硫黄	$SO_2 + 2H_2O \longrightarrow SO_4^{2-} + 4H^+ + 2e^-$
過酸化水素	$H_2O_2 \longrightarrow O_2 + 2H^+ + 2e^-$

る強さの順序である．この系列の中位の物質は，上位の酸化剤に対しては還元剤として働き，強い還元剤に対しては酸化剤として働く．

■**例題**■ 次の化学反応式中の下線の物質を，次のア～エに分類せよ．
ア．酸化剤　イ．還元剤　ウ．酸化剤でも還元剤でもない
エ．酸化剤でも還元剤でもある
① 2 $\underline{H_2O_2}$ ⟶ 2 H_2O + O_2
② $\underline{CuSO_4}$ + Fe ⟶ $FeSO_4$ + Cu
③ HCl + $\underline{NaOH}$ ⟶ NaCl + H_2O

解答 ① エ，② ア，③ ウ

【解説】① H_2O_2 の O の酸化数は -1，H_2O の O の酸化数は -2，O_2 の O の酸化数は 0 である．H_2O_2 から H_2O になったときは酸化数は -1 から -2 に減少するので酸化剤，H_2O_2 から O_2 になったときの酸化数は -1 から 0 に増加するので還元剤である．つまり，H_2O_2 は酸化剤でもあり還元剤でもある．

$$O_2 \underset{酸化}{\overset{還元}{\rightleftharpoons}} H_2O_2 \underset{酸化}{\overset{還元}{\rightleftharpoons}} H_2O$$
　　(0)　　　(-1)　　　(-2)

② SO_4 という原子団はそのまま右辺にあるので SO_4 関係の原子の酸化数は変わらない．SO_4^{2-} というイオンなので Cu は Cu^{2+} で酸化数は +2，右辺では単体の Cu になっているので酸化数は 0，減少しているから酸化剤．

③ Na は両辺とも酸化数 +1 だから酸化剤でも還元剤でもない．

10.4　酸化還元反応の化学反応式のつくり方

　塩酸で酸性にした過マンガン酸カリウム水溶液と塩化鉄(II)水溶液を混ぜると，塩化鉄(III)水溶液ができる．これは，原子・イオンレベルで考えると，酸性水溶液中で 2 価の鉄イオンが過マンガン酸イオンによって酸化されて 3 価の鉄イオンになる反応である．酸性水溶液中で過マンガン酸イオンは 2 価のマンガンイオンになることがわかっている．また，酸性の原因の水素イオン H^+ は酸化剤の O と結びついて水になる．

　この反応を例にして，酸化還元反応の化学反応式を組み立ててみよう．

・酸化剤

わかっていることは,

$$MnO_4^- \longrightarrow Mn^{2+} \tag{10.11}$$

このときの Mn の酸化数は +7 → +2 なので，5 個の電子を左辺に加える．

$$MnO_4^- + 5\,e^- \longrightarrow Mn^{2+} \tag{10.12}$$

MnO_4^- の O は右辺では水になるので，両辺で O の数を等しくする．

$$MnO_4^- + 5\,e^- \longrightarrow Mn^{2+} + 4\,H_2O \tag{10.13}$$

右辺の H_2O になる，H^+ を左辺に加える．

$$MnO_4^- + 8\,H^+ + 5\,e^- \longrightarrow Mn^{2+} + 4\,H_2O \tag{10.14}$$

・還元剤

わかっていることは,

$$Fe^{2+} \longrightarrow Fe^{3+} \tag{10.15}$$

酸化数が +2 → +3 なので，1 個の電子を右辺に加える．

$$Fe^{2+} \longrightarrow Fe^{3+} + e^- \tag{10.16}$$

・酸化剤と還元剤で授受される電子を等しくする

電子を等しくするために，式(10.14)＋式(10.16)×5 より，

$$MnO_4^- + 8\,H^+ + 5\,Fe^{2+} + 5\,e^- \longrightarrow Mn^{2+} + 5\,Fe^{3+} + 4\,H_2O + 5\,e^- \tag{10.17}$$

両辺から電子を消去すると，

$$MnO_4^- + 8\,H^+ + 5\,Fe^{2+} \longrightarrow Mn^{2+} + 5\,Fe^{3+} + 4\,H_2O \tag{10.18}$$

これで酸化剤・還元剤のイオン反応式が完成した．

両辺に反応に関与していない（反応しないのでイオン反応式では消えている）陽イオンや陰イオンを補う．

$$\begin{array}{l}
MnO_4^- + 8\,H^+ + 5\,Fe^{2+} \longrightarrow Mn^{2+} \quad + \quad 5\,Fe^{3+} + 4\,H_2O \\
+\,K^+ \hspace{5.5cm} +\,K^+ \\
\underline{\hspace{1cm} +\,8\,Cl^- + 10\,Cl^- \hspace{1.2cm} +\,2\,Cl^- +\,Cl^- + 15\,Cl^- \hspace{1cm}} \\
KMnO_4 + 8\,HCl + 5\,FeCl_2 \longrightarrow MnCl_2 + KCl + 5\,FeCl_3 + 4\,H_2O
\end{array} \tag{10.19}$$

これで化学反応式が完成した．

10.5 酸化還元滴定

酸化剤あるいは還元剤の一方の濃度がわかっていて，もう一方の濃度がわかっていないとき，濃度のわからない水溶液の濃度を求める操作を酸化還元滴定という．これは，酸化剤と還元剤が過不足なく反応することを利用している．

たとえば過マンガン酸カリウム水溶液とシュウ酸水溶液の場合をみてみよう．過マンガン酸カリウム水溶液は，とくに光があたると分解が速められるのでふつう茶色のびんに保存する．それに対してシュウ酸の二水和物はきわめて安定で，空気中で自然に酸化されることも，また水和水が自然に揮発したりすることや，逆に大気中から水分を吸収して質量が狂うこともない．そこで正確な濃度の水溶液をつくることができる．正確に濃度がわかっているシュウ酸水溶液を使って酸化還元滴定を行えば，過マンガン酸カリウム水溶液の濃度を正確に求めることができる[*4]．

三角フラスコにシュウ酸水溶液（無色）を入れ，ビュレットから過マンガン酸カリウム水溶液（紫色）を少しずつ滴下すると，その紫色は滴下のたびに短時間で消え，正確にちょうど過不足なく反応したところを超えたところで紫色がうすく残る．そこが当量点(終点)である(図 10.2)．

酸化剤・還元剤の電子を含むイオン反応式は次のようである．

$$MnO_4^- + 8H^+ + 5e^- \longrightarrow Mn^{2+} + 4H_2O \tag{10.20}$$

$$H_2C_2O_4 \longrightarrow 2CO_2 + 2H^+ + 2e^- \tag{10.21}$$

当量点での過マンガン酸カリウム水溶液とシュウ酸水溶液の体積をそれぞ

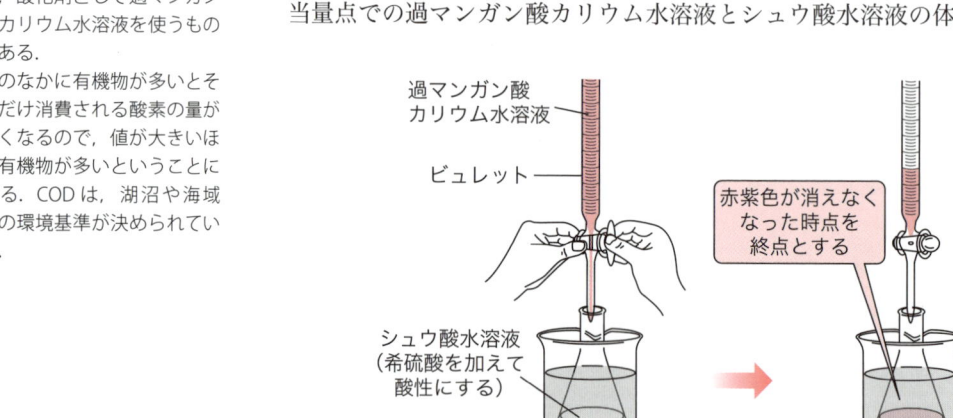

*4 水がどのくらい汚れているかを比べるものさしの一つに COD（chemical oxygen demand, 化学的酸素要求量）がある．
COD の測定原理は，酸化・還元反応を利用している．調べる水に酸化剤を加え，有機物などを酸化するときに消費される酸素の量(ppm)で表す．酸化剤の種類，濃度，反応時間によって，いくつかの測定方法がある．よく使われるのは，酸化剤として過マンガン酸カリウム水溶液を使うものである．
水のなかに有機物が多いとそれだけ消費される酸素の量が多くなるので，値が大きいほど有機物が多いということになる．COD は，湖沼や海域での環境基準が決められている．

図 10.2 過マンガン酸カリウム水溶液とシュウ酸水溶液による酸化還元滴定

れ V, V' とすると,

　　酸化剤1モルが受け取る電子の物質量
　　　　　　＝還元剤1モルが受け取る電子の物質量

当量点では

　　電子の係数 × モル濃度 × V ＝ 電子の係数 × モル濃度 × V'

■例題■ 0.0150 mol/L シュウ酸水溶液を三角フラスコに 10.0 mL 入れ，硫酸を加えたのち，濃度未知の過マンガン酸カリウム水溶液を滴下したら 30.0 mL で当量点に達した．過マンガン酸カリウム水溶液の濃度を求めよ．

解答 過マンガン酸カリウム水溶液のモル濃度を x mol/L とすると，

$$5 \times x \times \frac{30.0}{1000} = 2 \times 0.0150 \times \frac{10.0}{1000}$$

$$\therefore x = 0.00200 \text{ mol/L}$$

10.6 金属のイオン化傾向

10.6.1 イオン化傾向とイオン列

硫酸銅（II）の水溶液中に鉄を入れると，鉄の表面に銅の単体が析出する[*5]．

$$Cu^{2+} + Fe \longrightarrow Cu + Fe^{2+} \tag{10.22}$$

同じように，硝酸銀水溶液に銅板やスズの棒を入れると，銀が析出する．

$$Ag^+ + e^- \longrightarrow Ag \tag{10.23}$$

このような現象は，金属イオンと電子との作用，すなわちより還元されやすい金属イオンが電子を受け取ると考えることができる．金属によって陽イオンへのなりやすさ（イオン化傾向）が違うからである．

このようにイオン化傾向の大小は，金属の陽イオンの溶液と金属を用いて比べることができる．しかし，水と反応してしまうような金属では，このような方法でイオン化傾向を求めることは困難である．

そこで，イオンの水溶液中の酸化・還元の能力を，適当な電極を用いて水素電極（図10.3）との電位差を求め，標準電極電位[*6]として示すことが慣行として行われている．こうして得たイオン化傾向の強さの順がイオン化列で

[*5] $Cu^{2+} + 2e^- \rightarrow Cu$ と $Fe^{2+} + 2e^- \rightarrow Fe$ のどちらの反応が進みやすいかに差があるために $Cu^{2+} + Fe \rightarrow Cu + Fe^{2+}$ の反応が起こるのであって，Fe^{2+} のあるところに Cu を入れても反応は起こらない．

[*6] さまざまな金属でつくった半電池と，基準となる半電池をつないで電池をつくり，起電力をはかれば，その金属の起電力を比べることができる．水素電極を基準としてはかった起電力を標準電極電位といい，単位はV（ボルト）で表す．
たとえば，水素電極とアルミニウム半電池で電池にしたとき，アルミニウムは負極になり，電池の起電力は 1.66 V になる．そこで，アルミニウムの標準電極電位は −1.66 V となる．銅半電池の場合は，銅半電池は正極になり，電池の起電力は 0.33 V なので，銅の標準電極電位は ＋0.33 V となる．なお，電極電位は温度や溶液の濃度に影響される．

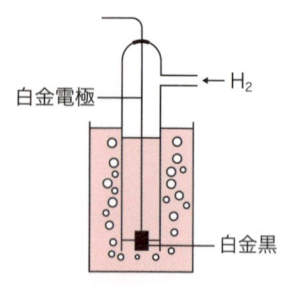

図10.3 水素電極
水素電極とは，水素ガス半電池といえるもので，酸性水溶液に水素ガスをガラス管などで導き，水素ガスと溶液が接するところに白金の電極をつけたもの．

ある．

● イオン化列

K > Ca > Na > Mg > Al > Zn > Fe > Ni > Sn > Pb > H_2 > Cu > Hg > Ag > Pt > Au

水素は金属ではないが，陽イオンになるので比較のためにイオン化列に含めている．イオン化列は，いつどのような条件下でもこの順のとおりになるわけではない．水溶液の濃度や温度などの条件によって順序が入れ替わることがあるので，あくまでも定性的な目安である．

10.6.2 金属の反応性とイオン化傾向

金属の反応性は，イオン化傾向の大きさの違いでほぼ決まる．イオン化傾向の大きい金属は電子を失いやすく（酸化されやすく），反応性が大きい．たとえばK，Ca，Naは冷水と反応して水素を発生し，水酸化物を生じる．また，これらは空気中の水分（湿気）とさえ反応してしまうので，金属単体として空気中で取り扱うことは難しい．

$$2\,Na + 2\,H_2O \longrightarrow 2\,NaOH + H_2 \qquad (10.24)$$

ZnやFeなど，イオン化傾向が水素より大きい金属は，酸の水溶液に水素を発生しながら溶ける．

$$Zn + 2\,HCl \longrightarrow ZnCl_2 + H_2 \qquad (10.25)$$

水素よりもイオン化傾向が小さいCuは，希塩酸や希硫酸には溶けないが，酸化力が強い硝酸や熱濃硫酸に溶ける．

濃硝酸 $\quad Cu + 4\,HNO_3 \longrightarrow Cu(NO_3)_2 + 2\,H_2O + 2\,NO_2$
$$(10.26)$$
希硝酸 $\quad 3\,Cu + 8\,HNO_3 \longrightarrow 3\,Cu(NO_3)_2 + 4\,H_2O + 2\,NO$
$$(10.27)$$

一方，イオン化傾向が小さいPtやAuは反応性がきわめて小さく，酸化力が強い熱濃硫酸や硝酸とも反応しない．また，アルミニウムはイオン化傾向が大きいにもかかわらず，酸化力のある硝酸には溶けない．鉄も濃硝酸に入れるとまったく不活性となり，酸と反応しなくなる．これを硫酸銅(II)水溶液に入れても銅が析出しない．

このように，金属が当然示すような反応性を失って，一見，貴金属的な性質を帯びた状態を不動態という．アルミニウム，鉄以外にも，ニッケル，コバルト，クロムなどに見られる．この原因は金属の表面にきわめて薄い安定

な酸化被膜ができ，内部を保護するためと考えられている．

10.7 電池

電池は，酸化還元反応を利用して化学反応のエネルギーを電気エネルギーに変える装置である．

10.7.1 ダニエル電池

隔膜をはさんで $ZnSO_4$ 溶液と溶液中の Zn，$CuSO_4$ 溶液と溶液中の Cu の半電池をつくる．半電池とは，ある金属をその金属のイオンを含んだ溶液に浸したものをいう．このままではなんら変化は起こらない．Zn と Cu を導線で結んではじめて，Zn，Cu の両方の極で反応が進行する．この電池をダニエル電池という．スイッチを切れば，そこで反応は停止する．

亜鉛と銅では亜鉛のほうがイオン化傾向が大きい．したがって，亜鉛が Zn^{2+} となって溶けだし，亜鉛極に残る電子は外部回路経由で銅極方向へ押しだされる．一方，銅極では Cu^{2+} が銅極から電子を受け取り，銅極へ析出する．結局，溶液中では，2種類の陽イオンがリレー式に亜鉛極から銅板へ向かって移動し，正電荷を運んだかたちになる．

電流の向きは電子の流れとは逆の方向と定義されているので，電流は銅板から亜鉛板に向かって流れる．電流の流れ込む極を負極，電流の流れでる極を正極という[*7]．負極，正極で起こる電池反応に直接かかわる物質をそれぞれ負極活物質，正極活物質という．ダニエル電池では，負極活物質は亜鉛であり，正極活物質は銅（Ⅱ）イオンである．

両方の極の間に生じる電位差を電池の起電力という．ダニエル電池の起電力は，約 1.1 V である．ダニエル電池は，次のような簡略化した式で表すことができる．

$$(-)\ Zn\ |\ ZnSO_4aq\ |\ CuSO_4aq\ |\ Cu\ (+)$$

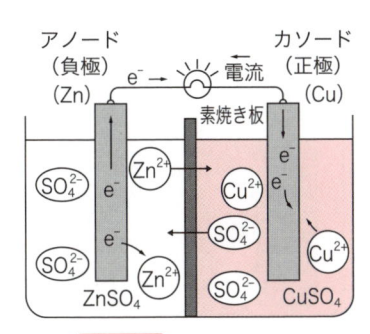

図10.4 ダニエル電池

[*7] 電池や電気分解などの分野を扱う電気化学では，電池の正極，負極，電気分解の陽極，陰極よりもカソード，アノードの呼び名が一般的である．
カソードとは「外部の回路から電子を取り込む側の極」，アノードとは「外部の回路に電子を送りだす側の極」のことである．電池では正極がカソード，負極がアノードになる．一方，電気分解では電池の正極側につないだほうが陽極，負極側につないだほうを陰極としているが，カソード，アノードの定義からすると電気分解の陽極はアノード，陰極はカソードになる．
カソードでは，電子を取り込む（電子を得る）ので還元反応，アノードでは，電子を送りだす（電子をなくす）ので酸化反応が起こっている．

10.7.2 実用電池

日常，用いられている乾電池(マンガン乾電池やアルカリ乾電池)は，使うともとにもどらない電池である．このような電池を一次電池という．それに対して，鉛蓄電池やニッケル・カドミウム蓄電池などのように，外部から逆向きの電流を流すと起電力が回復し，くり返し使うことができる電池もある．このような電池を二次電池または蓄電池という．

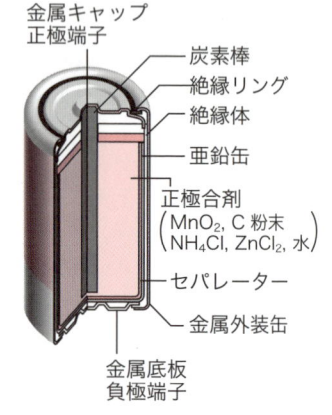

図10.5 マンガン乾電池

【マンガン乾電池】マンガン乾電池(塩化亜鉛型)は，正極活物質に酸化マンガン(IV) MnO_2 (正極端子は炭素棒)，負極活物質に亜鉛を用いた電池である．電解質水溶液は，塩化アンモニウム NH_4Cl を含む塩化亜鉛 $ZnCl_2$ 水溶液であるが，これにデンプンなどを加えてペースト状にし，携帯に便利にしてある．起電力は約 1.5 V である．

$$(-)\ Zn\ |\ ZnCl_2aq,\ NH_4Claq\ |\ MnO_2,\ C\ (+)$$

【リチウム電池】負極活物質にリチウムを，正極活物質にフッ化黒鉛(フッ素で処理した黒鉛)や酸化マンガン(IV)などを使用する．小型軽量でしかも大きな電圧(約 3 V)がだせる．

【鉛蓄電池】実用上重要な二次電池に鉛蓄電池がある．鉛蓄電池は，負極活物質が鉛 Pb，正極活物質が酸化鉛(IV) PbO_2 であり，電解質水溶液には希硫酸(27〜34%)が用いられる．起電力は約 2.1 V である．

$$(-)\ Pb\ |\ H_2SO_4aq\ |\ PbO_2\ (+)$$

電池から電流をとりだすことを放電という．放電のときに起こる化学反応は，次のようになる．

負極　$Pb + SO_4^{2-} \longrightarrow PbSO_4 + 2\,e^-$　　　　　　　　　(10.28)

正極　$PbO_2 + 4\,H^+ + SO_4^{2-} + 2\,e^- \longrightarrow PbSO_4 + 2\,H_2O$　(10.29)

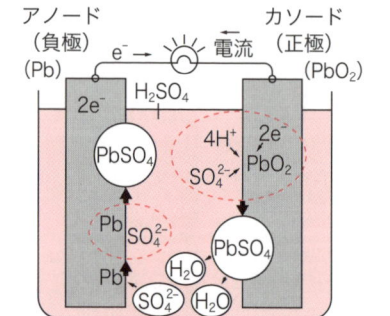

図10.6 鉛蓄電池

負極では Pb が酸化され，正極では PbO$_2$ が還元されて，いずれも PbSO$_4$ になる．全体の反応は，次のようになる．

$$\text{Pb} + \text{PbO}_2 + 2\,\text{H}_2\text{SO}_4 \longrightarrow 2\,\text{PbSO}_4 + 2\,\text{H}_2\text{O} \qquad (10.30)$$

負極活物質にカドミウム，正極活物質にニッケルの化合物，電解質水溶液には水酸化カリウム溶液を使用したニッケル・カドミウム蓄電池も使われたが，その後登場したニッケル水素蓄電池やリチウムイオン蓄電池と比べて，容量あたりで重いこと，メモリー効果（使い切らないままに継ぎ足しで充電を続けると，本来の容量を発揮できなくなってしまうという現象）が顕著であることなどから急速に衰退した．さらに，カドミウムが環境汚染物質であることも弱点になった．

その後，似たような特性をもつニッケル水素蓄電池が登場し，1990 年代には，現在主流となっているリチウムイオン蓄電池が登場した．

章末問題

1．次の物質中の下線を引いた原子の酸化数を求めよ．
   (1) H$\underline{\text{N}}$O$_3$，(2) $\underline{\text{Cr}}_2$O$_7^{2-}$

2．次の反応式において酸化された原子と還元された原子を指摘せよ．
   (ア) $3\,\text{Ag} + 4\,\text{HNO}_3 \longrightarrow 3\,\text{AgNO}_3 + 2\,\text{H}_2\text{O} + \text{NO}$

---

column 燃料電池

燃料電池の研究は 1932 年頃から始まり，1959 年には水酸化カリウム水溶液を電解液に用いたアルカリ型の水素 - 酸素燃料電池が開発され，アポロ 7 号以降の有人宇宙船に採用された．

負極では外部より供給された燃料が反応して電極に電子を与え，正極では回路を通ってきた電子の作用で酸素が反応する．つまり燃料電池では，燃料の酸化反応の化学エネルギーを直接電気エネルギーに変換する．

水素 - 酸素燃料電池 (−) H$_2$ | KOHaq | O$_2$ (+) においては，

負極で，$2\,\text{H}_2 + 4\,\text{OH}^- \rightarrow 4\,\text{H}_2\text{O} + 4\,\text{e}^-$
正極で，$\text{O}_2 + 2\,\text{H}_2\text{O} + 4\,\text{e}^- \rightarrow 4\,\text{OH}^-$

の電極反応が起こり，全体として

$$2\,\text{H}_2 + \text{O}_2 \rightarrow 2\,\text{H}_2\text{O}$$

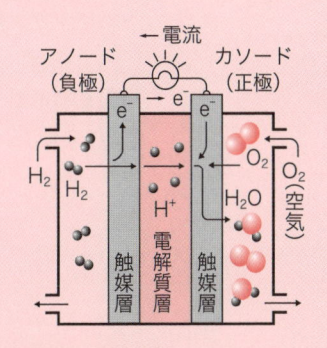

の反応が進行する．

現在，開発の主体は固体高分子形燃料電池になっている．これは，電解質にイオンが移動できる固体高分子膜を使うものである．

高分子膜の性能や寿命，触媒として利用する白金の供給量，まだ価格が高いことなど課題は多い．

(イ) $2\,Mg + CO_2 \longrightarrow 2\,MgO + C$
(ウ) $2\,KI + Cl_2 \longrightarrow 2\,KCl + I_2$
(エ) $Zn + CuSO_4 \longrightarrow ZnSO_4 + Cu$
(オ) $2\,Na + 2\,H_2O \longrightarrow 2\,NaOH + H_2$

3．次の反応において酸化剤と還元剤をそれぞれ選び，化学式で答えよ．

$$K_2Cr_2O_7 + 4\,H_2SO_4 + 3\,H_2S \longrightarrow Cr_2(SO_4)_3 + K_2SO_4 + 7\,H_2O + 3\,S$$

4．硫酸で酸性にした過マンガン酸カリウム水溶液に，過酸化水素を加えたら酸素が発生した．酸化剤の電子を含む反応式は次のようになる．

$$MnO_4^- + 8\,H^+ + 5\,e^- \longrightarrow Mn^{2+} + 4\,H_2O$$

(1) 還元剤の電子を含む反応式を示せ．
(2) 酸化剤・還元剤のイオン反応式を示せ．
(3) (2)の両辺に K^+ と SO_4^{2-} を補充して，化学反応式を示せ．

5．金属 W, X, Y, Z は亜鉛，銀，ナトリウム，銅のいずれかである．W は常温で水と激しく反応して水素を発生する．Y は水に溶けないが，希塩酸には水素を発生して溶ける．X および Z は水にも希塩酸にも溶けない．X の硝酸塩水溶液に Z を入れると Z の表面に X が析出する．X, Y を元素記号で答えよ．

6．電池について次の各問に答えよ．
(1) 2種類の金属を両極とした電池では，イオン化傾向が大きいほうの金属は正極になるか負極になるか．
(2) マンガン乾電池で正極活物質は何か．
　(ア)炭素　(イ)酸化マンガン(IV)　(ウ)亜鉛　(エ)塩化亜鉛
(3) 鉛蓄電池で放電すると希硫酸の密度はどうなるか．
　(ア)大きくなる　(イ)小さくなる　(ウ)変わらない

第11講 物質の世界1 無機物質

　第3講では，物質を構成する最小単位としての元素の性質ついて，その周期性の面から学んだ．ここでは，おもに身のまわりの物質について，気体と液体と固体，純物質と混合物，単体と無機化合物，物質資源といったさまざまな切り口から考えてみよう．

　生活環境のなかに身近にある物質と，実験室の試薬容器のなかの物質ではかなり違うところがある．第1講で述べたように，化学で物質の性質を調べるときは普通，再結晶や蒸留などの方法で精製した純物質を研究する．鉱物は一般に一定の結晶構造をもっている．これはX線の回折現象やそのほかの方法によって調べることができる．しかし，岩石は微細な鉱物結晶の混合物である．また，ガラスはケイ酸ナトリウムやケイ酸カルシウムなどの塩を溶融状態から急冷したもので，ケイ酸塩を結晶化させずに製品として利用している．陶磁器はセラミックスとも呼ばれ，ガラスあるいは微細な結晶を高温で焼結させたものである．このように，私たちが現実に目にする物質には，結晶になっていないもの（非晶質）や混合物が多い．

11.1　金　属

　現在知られている110種類以上の元素のうち，約80％が金属元素である．現代の文明は金属なしでは考えられないといっていいほど，至るところに金属材料が使われている．

11.1.1　金属の特徴

　金属が材料として多く用いられている理由は，次のような性質をもつためである．

- 特有の金属光沢をもつ
- 電気や熱をよく通す(電気, 熱の良導体)
- 細い線に延ばしたり(延性), 薄い箔に広げることができる(展性)
- ほかの元素と混ぜることで, 合金をつくることができる.

金属が熱や電気をよく通すのは, 自由電子が移動することによって熱や電気が運ばれるからである. 金属はまた, 自由電子によって原子がゆるく結びついている(金属結合)ため, 延性や展性が大きい.

2種類以上の金属を混ぜて熱すると, 均一に溶け合うものがある. これを合金という. 合金には, 成分の金属にはなかったすぐれた性質をもつものがあり, それらは金属単体よりもよく利用されている.

これらの特徴は, 石材や木材, プラスチックなどほかの材料には見られないものである.

11.1.2　金属の利用

【銅の利用】銅は最も古くから人類に利用されてきた金属の一つである. 銅は赤色のやわらかい金属で, 電気伝導度は銀についで2番目に大きい. 銅自身が安定な金属であるうえ, 表面に酸化銅の被膜をつくり内部を保護するので, 腐食されにくい. また純度の高いものを大量に安く生産することができる. このため, 電線や電気器具などに多く利用されており, 機械材料や装飾品などにも用いられている.

スズとの合金(青銅), 亜鉛との合金(黄銅または真ちゅう), ニッケルとの合金(ニッケル銅または白銅)などが利用されている. いずれも銅に比べて硬度が大きい.

【鉄の利用】鉄は世界各地の鉱山から大量に採掘されており, 最も多く利用されている金属である. 機械器具や構造材としての用途が広い. 純粋な鉄は比較的やわらかい金属で, 銀白色の光沢がある.

クロムCrとニッケルNiを加えた合金であるステンレス鋼は, 特別な処理をしなくてもさびにくいという性質をもっている. また, 新しい合金も開発されている. 鉄とネオジムNd・ホウ素Bとの合金は小型で強力な磁性体(ネオジム磁石)として利用されている.

【アルミニウムの利用】アルミニウムは銀白色でやわらかく, 軽い金属である. 密度は鉄や銅の1/3であり, 電気伝導度は銀, 銅の次に高く, 表面に非常に緻密な酸化被膜ができて内部を保護するので, 腐食されにくい.

アルミニウムに銅・マグネシウム・マンガンなどを少量加えると, ジュラ

表11.1 いろいろな金属（種類・特徴・用途）

鉄	マンガン鋼，ステンレス鋼
アルミニウム	アルマイト加工，ジュラルミン
銅	銅線，黄銅（しんちゅう），青銅（ブロンズ）
亜鉛，鉛，スズ	ハンダ，トタン，ブリキ

ルミンと呼ばれる合金ができる．ジュラルミンは軽くてじょうぶなため，飛行機の翼や機体などに用いられている．

11.1.3 さびとその防止

イオン化傾向の大きい鉄などの金属は，鉄の原子が電子を失って陽イオンになりやすいためにさびやすく，イオン化傾向の小さい金や白金などは陽イオンになりにくいのでさびにくい．

一般に，イオン化傾向の大きい金属ほど酸にとけやすく，また酸素などと反応してさびやすい．また，イオン化傾向が小さいほどほかの元素と反応しにくいため，単体の金属を得やすい．この結果，人類は金→銅→鉄→アルミニウムといったようにイオン化傾向の小さい金属から利用してきた．

【金属のさびを防ぐ】 鉄などの金属は，空気中に放置すると表面にさびを生じる．さびると，金属光沢や強度などの金属本来の特徴が失われてしまう．さびを防ぐ方法としては，ペンキなどの塗料をぬったり，酸化物の膜でおおって内部を保護する方法のほかに，めっきという方法がある．めっきとは，鉄などの表面を，鉄よりもさびにくい金属でおおう方法のことである．めっきはさびを防ぐだけではなく，金などの貴金属と同じような美しい輝きを鋼や銅などにもたせることができる．

図11.1 ニコライ堂
大気による腐食で，銅の屋根に緑青と呼ばれる銅のさびが生じた（写真提供：山田静江）．

図11.2 クロムめっきした蛇口
（写真提供：山田静江）

表11.2 さびを防ぐ方法

	保護膜	おもな素材
塗装	塗料	ペイント，エナメル
コーティング	プラスチックシート	ポリエチレン，ポリウレタン
めっき	ほかの金属の被膜	亜鉛（トタン），スズ（ブリキ）
化学処理	酸化物の被膜	黒さび（鉄器），クロム酸化物（ステンレス）酸化アルミニウム（アルマイト）

11.1.4 その他の金属

【1族，アルカリ金属（Li, Na, K, Rb, Cs, Fr）】 いずれも銀白色の比重の小さい金属で，軟らかく，融点が低い．最外殻電子が1個であるため，これを放出して1価の陽イオンになりやすい．普通，塩化ナトリウム $NaCl$ のよう

な塩のかたちで存在する．アルカリ金属単体は容易には得られないが，塩化ナトリウムや塩化カリウム KCl を溶融させた液体（溶融塩）を電気分解することによって，金属ナトリウム Na や金属カリウム K を得ることができる．これらは空気中で酸化されやすく，室温で水と激しく反応して水素を発生する．

例　　$2\,Na + 2\,H_2O \longrightarrow 2\,NaOH + H_2\uparrow$　　　　　(11.1)

【2族，アルカリ土類金属(Ca, Sr, Ba, Ra)】 銀白色の比重の小さい金属で，いずれも最外殻電子2個を放出して，2価の陽イオンになりやすい．アルカリ金属ほど激しくはないが，アルカリ土類金属単体も常温で水と反応する．

例　　$Ca + 2\,H_2O \longrightarrow Ca(OH)_2 + H_2\uparrow$　　　　　(11.2)

なお，ベリリウム Be とマグネシウム Mg はアルカリ土類金属に含めないこともある．

アルカリ土類金属のうち，カルシウムは骨や歯の主要成分であり，ヒドロキシアパタイト $Ca_{10}(PO_4)_6(OH)_2$ のかたちで存在する．これはリン酸カルシウム $Ca_3(PO_4)_2$ と水酸化カルシウム $Ca(OH)_2$ の混合したものとみることもできる．

カルシウム塩のうち，炭酸カルシウム $CaCO_3$ や硫酸カルシウム $CaSO_4$ は水に溶けにくい．炭酸カルシウムは石灰石，大理石，貝殻，卵の殻などの主成分であり，天然に広く存在する．強熱すると二酸化炭素を発生しながら熱分解して，酸化カルシウム（生石灰）CaO が得られる．

$CaCO_3 \longrightarrow CaO + CO_2$　　　　　(11.3)

酸化カルシウムに水を加えると水酸化カルシウムになる．これは消石灰とも呼ばれ，水溶液は強アルカリ性である．

$CaO + H_2O \longrightarrow Ca(OH)_2$　　　　　(11.4)

硫酸カルシウムは，天然には結晶中に水を取り込んだかたちの鉱物（石こう）$CaSO_4 \cdot 2\,H_2O$（二水塩）として産出する．これを加熱すると結晶中の水が一部失われて焼石こう $CaSO_4 \cdot 1/2\,H_2O$（半水塩）の粉末となる．これはギプス包帯のギプスであり，再度水と混合すると次のように反応して二水塩にもどる際，結晶が針状に成長し複雑に絡み合うことによって硬化する．

$2\,CaSO_4 \cdot \dfrac{1}{2}H_2O + 3\,H_2O \longrightarrow 2\,CaSO_4 \cdot 2\,H_2O$　　　　　(11.5)

硫酸バリウム $BaSO_4$ も水には溶けにくい塩である．バリウムの原子番号が大きい(56番)ことを利用して，胃のX線(レントゲン写真)撮影のときの造影剤として使われる．原子番号の大きい元素ほどX線の遮蔽効果が大きいので，バリウムを飲むとその部分が露光せずに白く写る．

【4族，チタン（Ti）】二酸化チタン TiO_2 はもともと鉱物として多く産出し，水に不溶の白色粉末である．白色顔料(チタンホワイト)，磁器原料，研磨材，医薬品，化粧品としての用途があった．近年では，太陽光線のエネルギーで各種酸化還元反応を行わせる光触媒(本多・藤嶋効果)として注目され，水素の製造，カビや細菌などの除去，水や空気中の汚染物質の分解など，医療や環境を守る技術としての応用が始まっている．

11.2 ガラスとセラミックス

セラミックスは，金属を除く無機物を高温で焼き固めることによりつくられる固体材料で，レンガや陶磁器として古くから利用されてきた．

工業においてはコンクリートやセメントに利用され，また最近になって，高純度に精製した原料からファインセラミックスと呼ばれる新しいセラミックスが生産されるようになった．

11.2.1 ガラス

板ガラス・びん・鏡など，ガラスでできているものは非常に多い．日用品以外にも，理化学器具・レンズ・ガラス繊維などにも使われており，その用途は広く，私たちの生活にとって不可欠な物質である．

【ガラスの性質】　一般にガラスは透明で，水や薬品に対して強く，熱に対しても比較的強い．数百℃に熱するとやわらかくなり，冷えると固まるので，任意の形に成形できる．すなわち，ガラスは熱可塑性の物質である．しかし，強い力を加えると割れたり，急熱や急冷するとこわれるもろさがある．

【ガラスの材料】ガラスの主原料にはケイ砂が用いられる．ケイ砂は二酸化ケイ素 SiO_2 という化合物からできている．水晶は二酸化ケイ素の結晶が大きく成長したもので，SiとOが交互に並んだ規則的な立体構造になっている．

ガラスは，図11.3に示すように，SiとOの立体構造の中に Na^+ や Ca^{2+} などのイオンが入りこみ，不規則な構造をもったまま固体になった無定形固体である．ガラスの小片をバーナーの外炎に入れると，Na^+ や Ca^{2+} の炎色反応が混じって見られ，また，くだいて粉末にして水に入れると微量のイオ

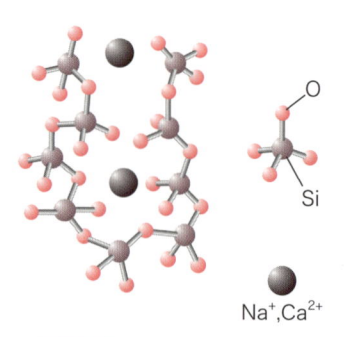

図 11.3 ガラスの構造の例

ンがとけだして，水は弱い塩基性を示す．

【ガラスの種類】ガラスのなかで最も多く使われているのは，窓ガラスやガラスびんに用いられるソーダ石灰ガラスである．ソーダ石灰ガラスは，ケイ砂・炭酸ナトリウム・炭酸カルシウムを混合して融解したもので，約 730 ℃ でやわらかくなる性質をもつ．

炭酸ナトリウムのかわりにホウ酸 H_3BO_3 を用いたホウケイ酸ガラスは，かたくて熱に強い（約 820 ℃ でやわらかくなる）．また薬品に強く，温度によるひずみが少ないため，理化学器具などに用いられている（図 11.4）．

また，二酸化ケイ素だけでできたガラスを石英ガラスと呼び，これは熱や薬品に強い．高純度の石英ガラスは，光ファイバーのケーブルなどに用いられている（図 11.5）．

図 11.4 ホウケイ酸ガラス

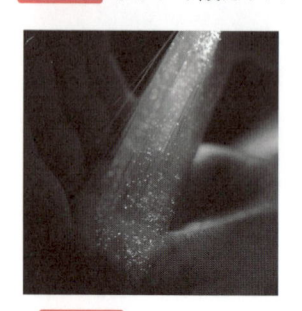

図 11.5 光ファイバー

【ガラスの着色】ガラスに色をつけるには，さまざまな金属酸化物を加える．青色には酸化コバルトや酸化銅（Ⅱ），緑色には酸化クロム（Ⅲ），黄色には酸化鉄（Ⅲ）などが用いられている．

11.2.2 陶磁器

粘土や石英，長石などを原料にして，高温で焼き固めたものを陶磁器という．粘土は非常に細かい粒の土で，水を加えてねると粘りけをもち，乾燥すると固まるという性質をもつ．粘土を焼くと固まるのは，高温にすることで粘土の粒子の一部がとけて，粒子どうしが接着するからである．

陶磁器には，土器・陶器・磁器があり，それぞれの用途によって原料の配合や焼き方が異なる．焼き方には，素焼き・本焼きの 2 段階がある．

【素焼き】一般に 800 〜 900 ℃ くらいで焼き上げることを素焼きという．低い温度で焼くために多孔質で吸水性があり，強度も小さい．

表11.3 陶磁器の種類

種類	特徴	製品
土器	比較的低い温度で焼成．多孔質で吸水性が大きい．	植木鉢，土管，屋根瓦，赤レンガなど
陶器	比較的高温で焼成．多孔質で吸水性が残り，たたくとややにぶい濁った音がする．	食器類，タイル，益子焼き（栃木県），薩摩焼き（鹿児島県），萩焼き（山口県）など
磁器	高温で焼成．吸水性がなく，かたい．たたくとすんだ音がする．	食器類，理化学用器具，伊万里・有田焼き（佐賀県），九谷焼き（石川県）

【本焼き】素焼きの器をうわぐすりにひたし，かわかしてから1200〜1400℃で焼くことを本焼きという．うわぐすりがガラスのように変化し，表面がなめらかになって吸水性がなくなる．顔料を含むうわぐすりを用いれば，色をつけたり模様を描いたりできる．

11.2.3 ファインセラミックス

セラミックスには，かたい・燃えない・腐食しにくいという性質があるが，原料を高純度に精製することによってつくった，特殊な性質をもったものをファインセラミックスという．

ファインセラミックスは，かたくてさびない性質を利用してセラミックス製の包丁など，また，ヒトの体内の組織によくなじみ，加工しやすく，耐久性に優れている性質を利用して人工骨や人工関節（ヒドロキシアパタイト）など，さまざまな場所や用途で用いられている．

図11.6 ファインセラミックス製の包丁
（写真提供：京セラ）

11.3 非金属元素の化合物

11.3.1 メタン・アンモニア・水

非金属元素である炭素，窒素，酸素の化合物の典型例として，メタン・アンモニア・水と関連化合物について，第6講（6.4 電子対反発モデル）の考え方を用いてより詳細に検討しよう．電子対反発モデルではメタンの分子は立体的で，海辺に置かれている波消しブロックと同じ形(図11.7)をしている．

【メタンの構造】メタン（CH_4）の構造式を書くときに，よく炭素原子を中央に書き，そこから上下左右に（十文字に）結合手をだすことがあるが，これは便法である．印刷の都合上，そのほうが活字を組みやすいということも関係し，広く普及したのである．

メタン分子が平面的な十文字形であると不都合な理由がある．メタン

図11.7 メタン（CH_4）の構造

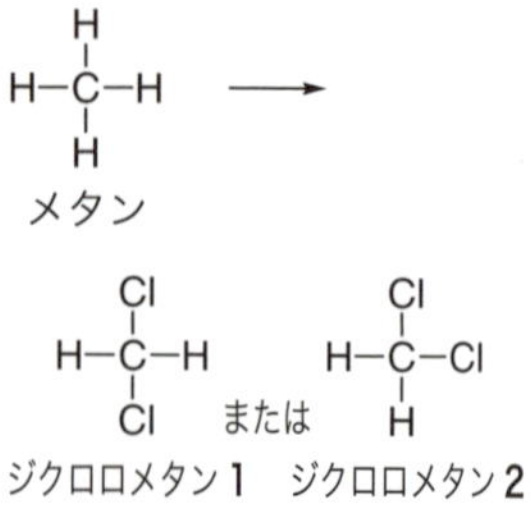

図11.8 平面構造（十文字形）で表したジクロロメタンの二つの異性体

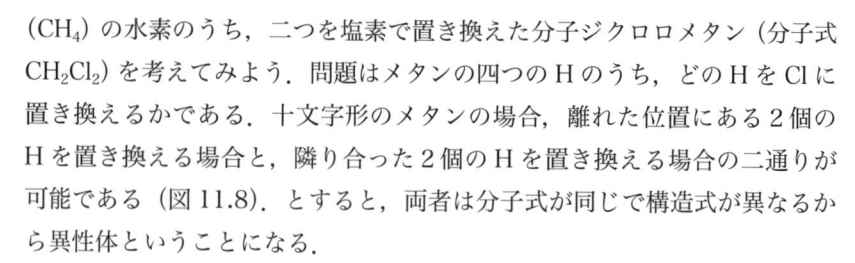

(CH₄) の水素のうち，二つを塩素で置き換えた分子ジクロロメタン（分子式 CH_2Cl_2）を考えてみよう．問題はメタンの四つのHのうち，どのHをClに置き換えるかである．十文字形のメタンの場合，離れた位置にある2個のHを置き換える場合と，隣り合った2個のHを置き換える場合の二通りが可能である（図11.8）．とすると，両者は分子式が同じで構造式が異なるから異性体ということになる．

1874年，当時まだユトレヒト大学の学生であったファント・ホッフ（J. H. van't Hoff）はこの異性体の数について調べ，上記の正四面体炭素の考えを提出した．ファント・ホッフの時代も今も，メタンの2個のHを別の原子Y, Zで置き換えた分子式 CH_2YZ をもつ化合物はただ1種類しか知られていない．実際にメタンを塩素化してみると，分子式 CH_2Cl_2 に相当する化合物はただ1種類得られるのみである．図11.8のジクロロメタン**1**, **2**のような異性体は存在しないのである．同様に CH_2Br_2 に対しても1種類，また CH_2ClBr もただ1種類の化合物が存在するのみである．

その後，電子線回折，X線回折，および分光学で得られた結果から，メタンのように結合手を4本もつ炭素では，結合は正四面体の頂点の方向に向いていることがわかっている．

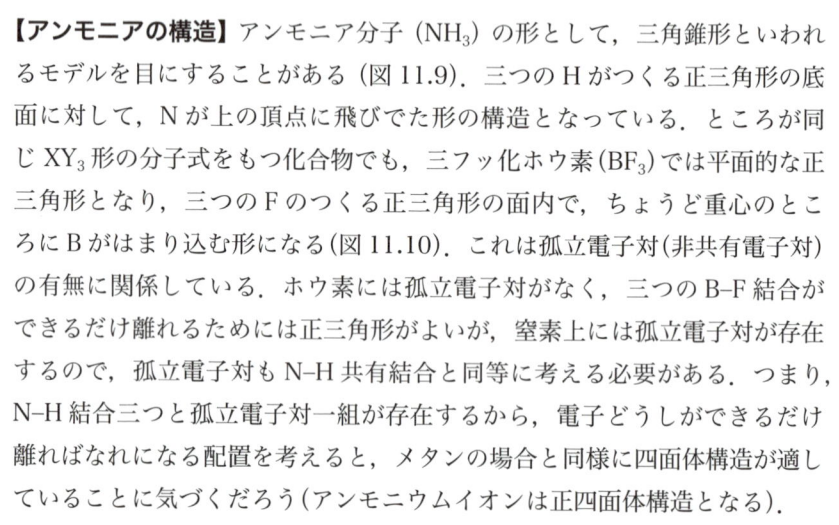

図11.9 アンモニア（NH_3）の構造

【アンモニアの構造】アンモニア分子（NH_3）の形として，三角錐形といわれるモデルを目にすることがある（図11.9）．三つのHがつくる正三角形の底面に対して，Nが上の頂点に飛びでた形の構造となっている．ところが同じ XY_3 形の分子式をもつ化合物でも，三フッ化ホウ素（BF_3）では平面的な正三角形となり，三つのFのつくる正三角形の面内で，ちょうど重心のところにBがはまり込む形になる（図11.10）．これは孤立電子対（非共有電子対）の有無に関係している．ホウ素には孤立電子対がなく，三つのB–F結合ができるだけ離れるためには正三角形がよいが，窒素上には孤立電子対が存在するので，孤立電子対もN–H共有結合と同等に考える必要がある．つまり，N–H結合三つと孤立電子対一組が存在するから，電子どうしができるだけ離ればなれになる配置を考えると，メタンの場合と同様に四面体構造が適していることに気づくだろう（アンモニウムイオンは正四面体構造となる）．

なお，第6講の図6.7に示したように，N–H結合は孤立電子対に押されるかたちになり，H–N–Hの角度はメタンのH–C–Hよりやや狭まり106.6°となる．

図11.10 三フッ化ホウ素（BF_3）の構造

【水分子の構造】H_2O は折れ線形分子であるといわれている（図11.11）．H–O–Hが"やじろべえ"のようにへの字形に位置する分子だ．普通，XY_2 形の三原子分子では，二つの共有結合がちょうど正反対の向きに，直線上に背

中合わせに位置するのが最も離れた配置となる．二酸化炭素 (O=C=O) はこの形だ（図 11.12）．しかし，H_2O が折れ線形分子となるのはやはり孤立電子対が存在するからである．H–O–H の O では，O–H 結合二つと孤立電子対 2 組があるので，電子どうしができるだけ離ればなれになる配置を考えると，やはり正四面体構造（図 6.5 参照）が適していることになる．

水分子の場合にも O–H 結合は両方の孤立電子対から押されることになり，H–N–H よりもいっそう狭められ，H–O–H の角度は 104.5° となる（図 6.7）．ただし，これは液体の水の話であり，氷の中では強固な水素結合のためメタンと同じように完全な正四面体構造をとっているので，角度も 109.5° となっている．

図 11.11　水分子 (H_2O) の構造

11.3.2　ハロゲン族元素の化合物

ハロゲン族は最も非金属性の強い元素であり，すべて 1 価の陰イオンになる．ハロゲン単体は気体状態では 2 原子分子である．いずれも有色の気体となり，吸い込むと有害である．

図 11.12　二酸化炭素 (CO_2) の構造

【フッ素 (F)】 フッ素の単体 F_2 は淡黄色の気体であり，希ガス，窒素以外のすべての元素と直接化合する危険な気体である．水と化合するとフッ化水素 HF になる．

$$2\,F_2 \;+\; 2\,H_2O \;\rightarrow\; 4\,HF \;+\; O_2 \tag{11.6}$$

フッ化水素の水溶液はフッ化水素酸またはフッ酸と呼ばれ，電離度は小さく酸としては弱酸であるが，これもまた猛毒である．

フッ化ナトリウム NaF などの塩類はそれほど毒性はなく，虫歯予防のためのフッ化物塗布に用いられる．フッ化ナトリウムは弱酸であるフッ化水素酸と強塩基である水酸化ナトリウムの中和した塩と見ることができるので，フッ化ナトリウムに不用意に強酸を混ぜると，弱酸であるフッ化水素酸ができて危険である．

【塩素 (Cl)】 塩素の単体 Cl_2 は黄緑色の気体で，特有の刺激臭があり，有毒である．フッ素ほどではないが非常に反応性に富み，温度を上げればたいていの物質と反応して塩化物をつくる．塩素を水に溶かした溶液である塩素水は，単に塩素が溶解しただけではなく，次のように水と反応し，次亜塩素酸 HClO を含んでいる．

$$Cl_2 \;+\; H_2O \;\rightarrow\; HCl \;+\; HClO \tag{11.7}$$

塩素，次亜塩素酸とも酸化力をもち，強い殺菌作用を示すので，塩素は飲

料水の殺菌に用いられている．

　水酸化カルシウムに塩素を作用させると，次亜塩素酸カルシウム $Ca(ClO)_2$ が得られる．

$$2\,Ca(OH)_2 + 2\,Cl_2 \rightarrow CaCl_2 + Ca(ClO)_2 + 2\,H_2O \qquad (11.8)$$

　この水酸化カルシウム $Ca(OH)_2$，塩化カルシウム $CaCl_2$ と次亜塩素酸カルシウム $Ca(ClO)_2$ の混合物は，さらし粉（クロル石灰），別名カルキといわれ，飲料水の消毒に用いられる．

　塩化水素 HCl は気体分子であるが，その水溶液はほぼ完全に電離し，強酸である塩酸となる．

【臭素（Br）】 臭素の単体 Br_2 は，赤褐色の刺激臭がある猛毒で，比重の大きい液体である．臭素は常温で液体である唯一の非金属単体である．化学的作用は塩素に似ているが，それよりは弱い．水には少し溶けて臭素水となる．アルコール，エーテル，クロロホルムなどの有機溶媒にはよく溶けて，赤褐色の溶液となる．酸化力は塩素より弱いので，臭化ナトリウムなどの臭化物イオンを塩素で酸化すると，臭素が得られる．

【ヨウ素(I_2)】 ヨウ素（ヨード）の単体は黒紫色の昇華しやすい固体で，金属光沢がある．海藻や海産物中に有機化合物のかたちで存在する．ヨウ化物を塩素で酸化すると，単体として得られる．ヨウ素の気体は紫色で特異臭があり，吸い込むと猛毒．ヨウ素は殺菌力があり，広く消毒に用いられる．また，医薬品，ヨウ素化合物，写真感光材料，色素などの製造原料に用いる．水に対する溶解度は小さくあまり溶けないが，ヨウ化カリウム水溶液には三ヨウ化物イオン I_3^- をつくって溶ける．これをヨウ素-ヨウ化カリウム水溶液といい，ヨウ素デンプン反応によりデンプンの検出に用いる．

　ヨウ化水素 HI は解離しやすい．

$$2\,HI \rightarrow I_2 + H_2 \qquad (11.9)$$

　ヨウ化水素は水によく溶け，水溶液はヨウ化水素酸という．塩酸 HCl，臭化水素酸 HBr とともに強酸であるが，電離度は

$$HI > HBr > HCl$$

のようにヨウ化水素酸が最も大きい．

11.4 気体の無機物質

空気の成分は78％が窒素，21％が酸素で，残りの1％にアルゴン(0.93％)，二酸化炭素(0.04％)，ネオン(0.018％)などが含まれている．

11.4.1 気体の種類と密度

一般に液体や固体が気体に変化する際，約1000倍の体積膨張がみられる．したがって，気体の密度は固体や液体に比べてきわめて小さくなる．気体の密度は，ある温度でのその気体1Lあたりの質量で表す．代表的な気体の密度を表11.4に示す．

11.4.2 酸素とオゾン

酸素は，無色無臭で空気より少し重い気体である．ほかの物質と化合しやすく，燃焼によって有機物を二酸化炭素と水に変えるなど，多くの物質と酸化物をつくる．また，生物の呼吸にも欠かせない物質である．ヒトは大気中の酸素濃度が16％以下になると息苦しさ，頭痛，めまいなど酸素欠乏(酸欠)の症状が現れ，10％以下になると意識不明，昏睡状態など重傷に陥る．

工業的には液体空気を分別蒸留して，まず沸点－196℃の窒素を分離し，残りから沸点－186℃のアルゴンと，沸点－183℃の酸素(純度98.5％以上)を得る．実験室では，二酸化マンガンMnO_2を触媒として過酸化水素水を分解してつくる．発生する酸素は，水上置換により捕集することができる．

一方，オゾンも酸素と同じように酸素原子Oからなる気体である．酸素分子が酸素原子2個からなっているのに対し，同素体のオゾンは3個の酸素原子が折れ線形に連なっている．独特の臭気をもつわずかに青みがかった気体で，紫外線ランプやコピー機の周囲で感じられるような特有のにおいがする．毒性が強く，濃いものは呼吸器を冒すので，微量でも長時間吸入すると危険な気体である．金属をさびさせる作用も強く，普通ではさびない銀をも過酸化銀という物質に変えてしまうほどである．また，有機色素を脱色したり，有機物を分解する働きもある．それらの性質を利用して，消毒，漂白などの目的に使われている．

成層圏のオゾン層は，宇宙からの紫外線を吸収する働きがあり，生物の暮らす環境を守っている．しかし，20世紀後半に大量に大気中に放出されたクロロフルオロカーボン類(いわゆるフロンガス)が成層圏に達するようになると，クロロフルオロカーボン類が分解して生じた塩素ラジカル(原子状の塩素)により，オゾンが酸素分子に変換される化学反応が進む．結果としてオゾン層が破壊されることになるので，先進国では1996年から特定フロンの生産が廃止された．

表11.4 気体の密度

物質	密度
塩素	3.214
二酸化硫黄	2.926
ブタン	2.70
プロパン	2.02
二酸化炭素	1.977
酸素	1.429
空気	1.293
窒素	1.250
アンモニア	0.771
メタン	0.717
ヘリウム	0.179
水素	0.090

0℃，1気圧，単位はg/L．

地表面のオゾンは排ガス中の窒素酸化物などから生じるが，光化学スモッグの原因物質である光化学オキシダントの主成分とされている．したがって，環境保護の観点から窒素酸化物の排出を厳しく規制しなければならない．

11.4.3　二酸化炭素と一酸化炭素

二酸化炭素は無色無臭の気体で，空気より重い．純粋な二酸化炭素は，ほぼ同体積の水に溶けきってしまう．これは溶媒である水に単純に混合するだけではなく，水分子との反応で炭酸に変化するからである．そのため，水溶液は弱い酸性を示す．分子構造は直線形で，赤外線を受けると，分子振動によりそのエネルギーをいくらか吸収する性質がある．

工業的には石灰岩を強熱してつくる．また，実験室では，石灰岩に塩酸を加えてつくる．水にはある程度溶けるが，水上置換によって捕集することは可能である．水に溶かしたものは，清涼飲料水に用いられる．

少量の二酸化炭素は無害であるが，呼気中に高濃度となると酸欠状態になり，また，血液のpHを低下させる(酸性化する)ので，健康にはよくない．取り扱いには注意が必要である．

ドライアイスは気体の二酸化炭素を圧縮し，液体としてから気化させて，そのときの潜熱を利用して固化させ，それをさらに圧縮してつくる．ドライアイスは昇華性であり，常圧では固体から直接気化するのでこの名（乾いた氷）がある．単独で冷却剤として用いられ，またエーテルやエタノールと共存させると，$-70\,^\circ\mathrm{C}$以下の低温が得られる．

植物は昼間，光合成によって水と二酸化炭素からデンプンなどをつくり，副産物として酸素を放出している．動物は呼吸によってこの酸素を取り込み，二酸化炭素をはきだしている．また，有機物を燃焼させても水蒸気とともに二酸化炭素が発生する．近年，石炭・石油などの有機物を燃料として大量に燃焼させたため，大気中の二酸化炭素濃度が増加する傾向にあり，自然環境中の二酸化炭素循環のバランスが崩れているのではないかと案じられている．

一酸化炭素COは，炭素または有機物を酸素（新鮮な空気）の供給が不足する状態で燃焼させたときに発生する．工業的には一酸化炭素と水素からメタノールを合成する経路がC1化学として注目されている．一方で，一酸化炭素はヒトにとっては毒性が強く，呼吸によって肺から取り込まれると，血液中のヘモグロビンと強固に結合しカルボニルヘモグロビンとなり，ヘモグロビンが酸素を運搬する能力を奪ってしまう．

11.4.4　窒素とその化合物

窒素は大気中に78.1％含まれる安定な気体で，室温では不活性である．高温では多くの元素と直接化合し，アンモニア，酸化窒素，さまざまな窒化

物をつくる．窒素と水素から各種触媒を用いて高温高圧でアンモニアを合成する反応はハーバー・ボッシュ法と呼ばれる．アンモニアは窒素肥料，硝酸，尿素製造の原料，その他の用途が広く，工業的にとくに重要である．

　窒素の化学的安定性を利用して，窒素ガスの充填により酸化防止，爆発防止，商品貯蔵などに利用される．液体窒素は $-196\ ℃$ で存在しているので，冷媒として食品の急速凍結，凍結乾燥，整形外科での治療などに用いられる．

　アンモニアは無色だが刺激臭のある気体で，吸い込むと有毒である．水にはよく溶け，アルカリ性を示す．アンモニアの飽和水溶液は，室温で質量パーセント濃度34％にもなる．実験室では，アンモニア水を加熱して発生させるか，塩化アンモニウムに水酸化カルシウムまたは水酸化ナトリウムを作用させてつくる．水に対する溶解度が大きいので，水上置換では捕集できない．換気に注意して上方置換で集める．

　酸化窒素としては，N_2O，NO，NO_2 など全部で8種類が知られている．しかし，酸化数が大きいものは不安定であり，重要なものは N_2O（一酸化二窒素），NO（一酸化窒素），NO_2（二酸化窒素）の3種類である．

　N_2O は笑気ガスとも呼ばれ，沈静麻酔作用があるため医療方面に用途がある．室温で安定であるが，近年，温室効果ガスとしてのマイナス面も注目されている．NO は白金などを触媒として空気中の酸素によるアンモニアの酸化反応で大量につくられ，硝酸の原料に用いられる．空気中では NO はさらに酸素と反応して NO_2 に酸化される．NO_2 は赤褐色の気体で，吸い込むと致命的なダメージを受ける猛毒である．また，冷水にも溶けて亜硝酸と硝酸になる．

　環境問題にかかわる窒素酸化物を NO_x（エヌオーエックス）と記し，ノックスと総称することがある．問題となるのは，$x=1$ の一酸化窒素と，$x=2$ の二酸化窒素である．自動車排ガスに由来する NO_x 汚染は依然深刻な状態にある．NO_x には燃料中に含まれる窒素化合物の燃焼によるもの（フューエル NO_x）もあるが，たとえ燃料中の窒素分をゼロにしても，高温・高圧の燃焼室内で空気中の窒素と酸素が化合して生じるもの（サーマル NO_x）もある．高温ではサーマル NO_x の発生量がより多くなるが，自動車のガソリンエンジンからのサーマル NO_x の発生自体を止めることはできないので，排ガス浄化装置で対策を講じることになる．

　現在の自動車では，NO_x の他に，猛毒の一酸化炭素（CO）と光化学スモッグに関係する炭化水素（HC）の3種を同時に削減する「三元触媒方式」などが用いられている．

$$NO_x\ +\ CO\ +\ HC\ \longrightarrow\ N_2\ +\ CO_2\ +\ H_2O \quad (11.10)$$
　　　（ただし，化学反応式の係数は合わせていない）

11.4.5 そのほかの有毒な気体

硫黄化合物では亜硫酸ガスとも呼ばれる二酸化硫黄 SO_2 と，硫化水素 H_2S の毒性が問題になる．SO_2 はかつて石油コンビナートからの排ガスに大量に含まれていて，四日市ぜんそくや川崎ぜんそくの原因となった物質である．現在では工場などの固定の排出源には硫黄分をとる脱硫浄化装置が取りつけられ，国内の SO_2 については安定した状態になっている．SO_2 も H_2S も，火山性のガスがおもな発生源であるのが現状である．しかしながら，燃料の多くを石炭に依存している中国からの越境汚染などの懸念もあり，広域的かつ継続的な観測は欠かせない．

上述のとおり，ハロゲン単体も有毒である．臭素は揮発性の液体，ヨウ素は昇華性の固体であるが，どちらも容器を開放しておくと蒸発や昇華により蒸気として拡散するので，有毒な気体として取り扱う注意が必要である．

塩素はさらに酸化力が大きく猛毒な気体であるが，「まぜるな危険」と注意書きのある住宅用洗剤を誤って混合すると発生する．塩素系の漂白剤やカビ取り剤には次亜塩素酸ナトリウムが含まれているため，塩酸や有機酸を含んだ酸性の洗剤を混ぜると，これが分解して塩素を発生するので，きわめて危険である．

章末問題

1．アルカリ金属の特徴は何か．答えよ．

2．資源としての金属利用について説明せよ．

3．さびを防ぐにはどうしたらよいか．答えよ．

4．金属の特徴について間違っているものはどれか．記号で答えよ．
   (a) 電気をよく通す．
   (b) 延性・展性がある．
   (c) 水銀は液体状態では金属とはいえない．
   (d) 金属は重たいので水に沈む．
   (e) 熱をよく伝える．

5．ファインセラミックスとは何か．説明せよ．

6．ハロゲン族の特徴は何か．答えよ．

第12講

物質の世界2　有機化合物・高分子

前講では，単体の無機物質と無機化合物ついて，身のまわりの物質を中心に学んだ．ここでは，有機化合物と高分子化合物について考えてみよう．

私たちの体のなかで一番多いのは水で，人体のおよそ60％を占めている．次は筋肉や内臓などをつくる有機物なので，元素の割合としては，酸素が63％，炭素が19％，水素が10％，窒素が5％で，ここまでで97％になっている．有機物には，生物に関係するもの以外にプラスチックなど人工的なものもあるが，やはり構成元素は多くはなく，せいぜい10種類程度である．このようにわずかな種類の元素で1000万種類を超える人工的な有機物がつくられている．

12.1　脂肪族化合物

12.1.1　有機化合物の特徴

　有機化合物はそもそも生命活動に由来する物質から取りだされた経緯があったが，現在では炭素化合物であるとされている．炭素原子の特徴を思いだしてみよう．まず，電気陰性度が2.6であり，陽イオンにも陰イオンにもなりにくいことがあげられる．炭素化合物の骨格となる炭素-炭素間の共有結合は強く，メタンやプロパンなどの短いものからパラフィン（ろうそく）のように非常に長い鎖状の分子までつくることができる．炭素はまた，単結合（普通の共有結合）のほかに二重結合，三重結合という2種類の共有結合をつくる．このように炭素原子どうしは安定な共有結合をつくり，単結合，二重結合，三重結合などの多様性があり，さらにC–O結合やC–N結合なども加わって，大小さまざまな有機化合物の骨格がつくられているのである．

　使い捨てライターの中には，燃料として液化したブタン（C_4H_{10}）が詰めら

れている．第一の特徴として，一般に有機化合物は，火をつけると燃える（可燃性）ものが多い．また，固体の有機化合物を空気の少ないところで蒸し焼きにすると，炭化する．第二の特徴として，一般に有機化合物は共有結合性の分子なので，分子どうしが集まろうとする傾向（分子間力）が弱いため，融点・沸点がイオン結合性の無機化合物と比べて格段に低くなる．低い温度でも容易に分子がバラバラになって飛び回れるのだ．このため分子量の小さいものは，揮発性であることが多い．

　ブタンはまた水に溶けないが，石油ベンジンやエーテルのような有機溶媒にはよく溶ける．これは一般に有機化合物の第三の特徴でもある．有機化合物は，無機化合物に比べて非電解質のものが多く，水分子との間の配位結合や電気的な引力を及ぼしあう相互作用がないので，水に対して親和力が働かないのである．多くの液体性有機化合物は比重が1よりも小さいので，水と混合すると，水面に油状物として浮くことが多い．石油火災の際，火を消そうと思って水をかけてしまうと，燃えている石油が水と混ざらずに水の上に浮かびながら広がってしまい，さらに火災を広げてしまう可能性があるので，きわめて危険だ．

　有機化合物に起こる反応は，無機化合物に比べて遅く，複雑な機構（メカニズム）をとることが多い．これが第四の特徴だ．ブタンと塩素を混合して光を照射すると，反応を起こすことが知られている．この反応は光化学反応と呼ばれ，数段階の複雑な過程を経て進む．また，生成物も単一ではなく，何種類かの混合物となる．有機化合物の特徴の五番目として，いろいろな結合様式によって，高分子化合物をつくりやすいことがあげられる．これについては本講の後半で詳しく見ることにする．

12.1.2　有機化合物の骨組みをつくる炭化水素

　有機化合物はまず大まかに，環状構造をもつ環状化合物と，もたない鎖状化合物に分けられる．環状化合物はさらに，ベンゼンに代表される芳香族化合物と，それ以外の脂肪族化合物に分かれる．鎖状化合物はすべて脂肪族化合物だ．環状と鎖状の脂肪族化合物はそれぞれ，飽和化合物（二重結合・三重結合をもたない）と不飽和化合物（少なくとも一つの二重結合か三重結合をもつ）に分けられる．環状化合物は，環状構造がすべて炭素のみでつくられている炭素環化合物と，環状構造の骨組みとして上述のヘテロ原子を含むヘテロ環化合物に区分するという分け方もある．ヘテロ環化合物は生命現象にかかわるものも多い．そしてそれらは–OHなどの官能基と呼ばれるグループが結びつくことによって，さらに多岐にわたる有機化合物の物質群をつくっている．以下に順次，見ていくことにしよう．

図12.1 有機化合物の分類

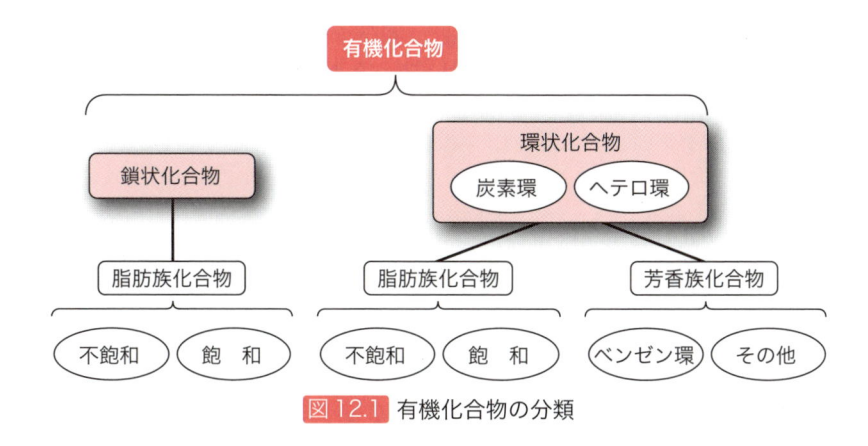

12.1.3 脂肪族炭化水素

メタン，エタン，プロパン，それに前述のブタンなどの脂肪族炭化水素の化合物群はアルカン(一般名称パラフィン)といい，天然ガスや石油として産出され，沸点の違いにより分離される（分留という）．メタン CH_4 からブタン C_4H_{10} までがガスで，炭素数5以上のものが液体（揮発油，ガソリン，ナフサ，灯油，軽油，重油など）として分けられる．これらは燃料としても使われるが，石油枯渇がいわれている現在ではただ燃やしてしまうのはもったいなく，できるだけ化学工業原料としていろいろなものに変換して活用すべきである．

例　$C_3H_8 \ + \ 5\,O_2 \ \longrightarrow \ 3\,CO_2 \ + \ 4\,H_2O$
　　プロパン　　酸素　　　二酸化炭素　　水

エタン CH_3–CH_3 より H 原子が2個少なく，C–C 間に二つの共有結合（二重結合）をもつ化合物 CH_2=CH_2 をエチレンという．同様に CH_2=$CHCH_3$ をプロペン，一般に二重結合を1組もつ化合物群をアルケンという．さらにエチレンより H 原子が2個少なく，C–C 間に三つの共有結合（三重結合）をもつ化合物 HC≡CH をアセチレンといい，一般に三重結合を1組もつ化合物群をアルキンという．二重結合や三重結合をもつ化合物を総称して不飽和炭化水素というが，これは二重結合や三重結合が切れて水素 H_2 を付加すること（一種の還元反応)が可能だからである．水素が付加するとアルカンに変わり，もはやそれ以上 H_2 を付加することはできないので，アルカンを飽和炭化水素という．

12.1.4 有機化合物の表記法

メタン CH_4 の真の構造は，海辺にある波消しブロックのような形である[*1]．このような立体構造のわかる表記法は，アミノ酸や糖などの光学異性体が問

[*1] メタンの立体構造式

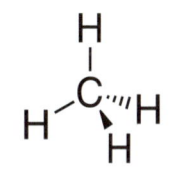

$$\underset{\text{メタン } CH_4}{\overset{H}{\underset{H}{H-C-H}}} \quad \underset{\text{エタン } CH_3-CH_3}{\overset{H\;H}{\underset{H\;H}{H-C-C-H}}} \quad \underset{\text{プロパン } CH_3-CH_2-CH_3}{\overset{H\;H\;H}{\underset{H\;H\;H}{H-C-C-C-H}}}$$

図12.2 アルカンの構造式と示性式

題になる化合物の場合には重要である．しかし，立体構造式は煩雑なので，各原子間の共有結合を短い線（価標）で表した平面構造式か，それを略した示性式がよく用いられる．

アルカンの1個のHをOHに置き換えたものはアルコールであり，図12.2のメタンとエタンからはそれぞれ，メタノール CH_3OH，エタノール CH_3CH_2OH が得られる．ところが，プロパン $CH_3-CH_2-CH_3$ では両端の CH_3 のH（6個）と，中央のCに結合した2個のHが同等ではない．CH_3 のH1個をOHに置き換えると1-プロパノール $CH_3-CH_2-CH_2-OH$ となり，中央のCに結合したH1個をOHに置き換えると2-プロパノール $CH_3-CH(OH)-CH_3$ になる（図12.3）．このように分子式は共通であるが構造式が異なる化合物（異性体）が存在するので，有機化合物の化学式は分子式ではなく，構造式か示性式で表されることが多い．

$$\underset{\substack{CH_3-CH_2-CH_2-OH\\ 1\text{-プロパノール}}}{\overset{H\;H\;H}{\underset{H\;H\;H}{H-C-C-C-O-H}}} \quad \underset{\substack{CH_3-CH(OH)-CH_3\\ 2\text{-プロパノール}}}{\overset{H\;H\;H}{\underset{H\;OH\;H}{H-C-C-C-H}}}$$

図12.3 プロパノールの異性体の構造式と示性式

■例題■ 分子式 C_3H_8O の化合物には，図12.3に示した1-プロパノールと2-プロパノールのほかに，もう一つの構造異性体がある．その構造式と名称を答えよ．

解答 エチルメチルエーテル $\underset{H\;H\;\;\;H}{\overset{H\;H\;\;\;H}{H-C-C-O-C-H}}$

12.2 芳香族炭化水素

*2 ベンゼン環

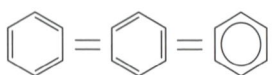

12.2.1 ベンゼンの構造

ベンゼンの仲間には芳香をもつものが多いので，ベンゼン環[*2]をもつ化合物を総称して芳香族化合物という．たとえば，バニラの香りをつけるエッ

センスのバニリン，リキュール酒の製造や香料に用いられる丁子油の成分オイゲノールなどがそうだ．

　イギリスの科学者で電磁誘導，電気分解の法則の発見者として知られるマイケル・ファラデーが，実はベンゼンの発見者でもある．19世紀初め頃，イギリスのロンドンなどの大都市では，鯨油を加熱したときにでるガスを燃料にしてガス灯がともされていた．燃料ガスの容器の底にたまる液体を丹念に調べ，そのなかからベンゼンを取りだしたのが最初であった（1825年）．

　その後，1834年までにはC_6H_6という分子式が決定された．この分子式からは，エチレンやアセチレンのような二重結合，三重結合の存在が示唆されるが，実際のベンゼンの反応はエチレンやアセチレンとはまったく異なるものであった．

　ベンゼンの構造はどのようになっているのだろうか．この問題に挑んだ化学者の一人が，ドイツのケクレであった．彼は，亀の甲のような形の構造（156ページの*2参照）をベンゼンの構造式として提唱した．

　実験結果と比較してみよう．ベンゼンなどの芳香族化合物は，付加反応には強く抵抗するのだが，特別な触媒を使うとベンゼンの二重結合に水素を付加させることができる．そのときの反応熱を測定したところ，206 kJ/molの発熱しか観察されなかった．予想よりも約150 kJも小さい値だ．それだけベンゼンは安定な化合物であるということができる．

　ベンゼンのπ結合をつくっているのは六つの炭素上のp軌道の電子だが，図12.4のようにすべて向きがそろっている．だから実際には，どことどこの炭素間が二重結合で，どことどこが単結合という区別はできない．分子全体に電子の雲が広がっている．150 kJ/molのエネルギー低下は，実はこの電子の広がりによって安定化したことを示していたのであった．なお，この150 kJ/molのことを"共鳴エネルギー"という場合もある．

　その後の詳しい研究により，ベンゼンの骨格は完全に平面的であり，正六角形をしていることがわかった．正六角形の一辺はC–CとC=Cのちょうど中間の長さであって，六角形の平面の上下には，ちょうどハンバーガーのパンのようにπ電子の雲が広がっているのである．

　芳香族という言葉はもともと，実際に芳香があることに由来していたのだ

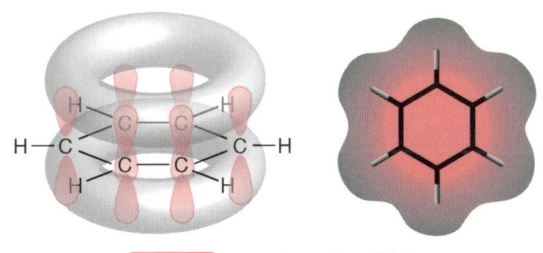

図12.4 ベンゼンの電子構造

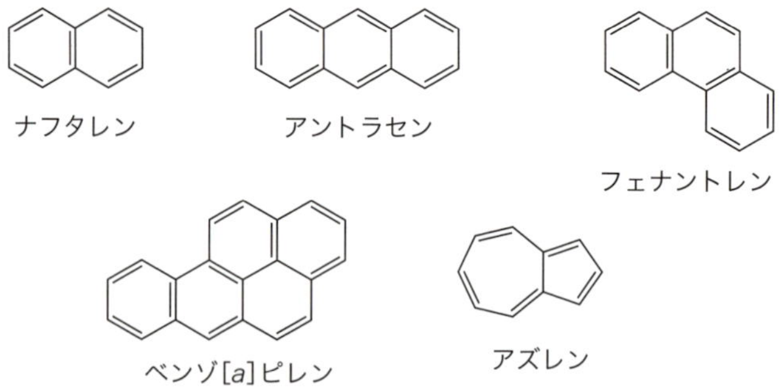

ナフタレン　　　アントラセン

フェナントレン

ベンゾ[a]ピレン　　アズレン

図12.5 芳香族炭化水素の仲間

が，今日では意味が変化し，ベンゼン環にみられるこのような安定な性質のことを，"芳香族性"というようになった．

同じように，平面全体にπ電子雲が広がった基本構造をもつ芳香族炭化水素の仲間を図12.5に示す．

ナフタレンは防虫剤の成分や染料の原料，アントラセン，フェナントレンはコールタールから得られる．ベンゾ[a]ピレンは強力な発がん物質である．アズレンは五角形と七角形が辺を共有した形の珍しい芳香族炭化水素で，水に溶かすと青色になるタイプのうがい薬の骨格になっている．

12.2.2 ベンゼン環上で起こる反応

芳香族化合物は，π電子が環全体に広がることで安定になっている．もし仮に二重結合が開いて付加反応を起こしてしまうと，その部分は，π電子が広がっていけなくなるので，安定性を失うことになるだろう．だからエチレンとは違い，ベンゼン環上では付加反応は起こりにくく，置換反応が起こりやすい．

ベンゼンに鉄粉を触媒として塩素 Cl_2 を作用させると，クロロベンゼンが生成する．反応の前後を比較すると，ベンゼン環の水素原子 H が塩素原子 Cl に置き換わっているので，置換反応だ．このように塩素化合物ができる反応を塩素化，一般にハロゲン化合物ができる反応をハロゲン化という．

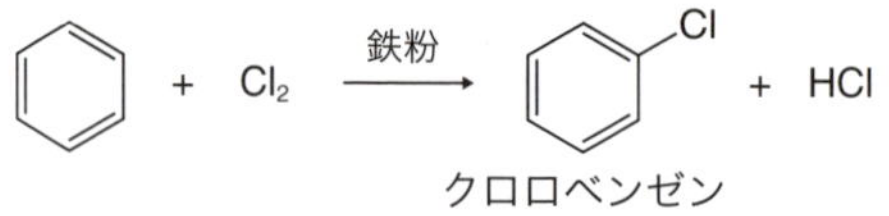

$$\bigcirc + Cl_2 \xrightarrow{鉄粉} \bigcirc\text{-Cl} + HCl \qquad (12.1)$$

クロロベンゼン

一方，紫外線のエネルギーで活性化した塩素を作用させると，ベンゼン環の二重結合に塩素原子 Cl が付加して，ヘキサクロロシクロヘキサンが生成する．この反応では，1モルのベンゼンについて3モルの塩素 Cl_2 が付加反応を起こす．生成物はベンゼンヘキサクロリド（BHC）ともいわれ，殺虫剤

として広く用いられたものもあった．そのほか，次のような有機塩素化合物もある．

クロルダン(chlordane)　　リンダン(lindane)　　デカクロロビフェニル
　　　　　　　　　　　　　　　　　　　　　　　　（decachlorobiphenyl, PCBの一種）

　濃硝酸と濃硫酸を1：1の割合で混合したものを，混酸という．ベンゼンに混酸を加え，おだやかに加熱すると，ニトロベンゼンが得られる．ベンゼン環のHがニトロ基 $-NO_2$ によって置換される反応だ．この反応をニトロ化という．

$$\text{C}_6\text{H}_6 + \text{HO}-\text{NO}_2 \xrightarrow{\text{濃硫酸}} \text{C}_6\text{H}_5\text{NO}_2 + \text{H}_2\text{O} \qquad (12.2)$$
ニトロベンゼン

　一般に，ニトロ化合物を還元すれば，ニトロ基をアミノ基 $-NH_2$ に変えられるので，アミンが得られる．芳香族アミンは染料や医薬の合成原料として重要だ．

$$\text{C}_6\text{H}_5\text{NO}_2 \xrightarrow[\text{Sn}]{\text{HCl}} \text{C}_6\text{H}_5\text{NH}_3^+\text{Cl}^- \xrightarrow{\text{NaOH}} \text{C}_6\text{H}_5\text{NH}_2 \qquad (12.3)$$
アニリン塩酸塩　　　　アニリン
　　　　　　　　　（芳香族アミンの一種）

　ベンゼンを濃硫酸とともに強熱すると，ベンゼンスルホン酸が得られる．濃硫酸の代わりに発煙硫酸という三酸化硫黄 SO_3 を含む硫酸を用いると，おだやかな条件で反応を起こすことができる．ベンゼン環のHがスルホ基 $-SO_3H$ で置換される反応で，スルホン化という．

$$\text{C}_6\text{H}_6 + \text{HO}-\text{SO}_3\text{H} \longrightarrow \text{C}_6\text{H}_5\text{SO}_3\text{H} + \text{H}_2\text{O} \qquad (12.4)$$
ベンゼンスルホン酸

　ベンゼン環に結合したスルホ基は，続いてほかの基と置換しやすく，いろいろな化合物を合成するうえで重要である．たとえば，ベンゼンスルホン酸を水酸化ナトリウム水溶液で中和したのち，固体の水酸化ナトリウムとともに加熱すると，ナトリウムフェノキシドを経てフェノールを合成することができる．

$$\text{C}_6\text{H}_5\text{SO}_3\text{H} + \text{NaOH} \longrightarrow \text{C}_6\text{H}_5\text{SO}_3\text{Na} + \text{H}_2\text{O}$$
ベンゼンスルホン酸ナトリウム

$$\text{C}_6\text{H}_5\text{SO}_3\text{Na} + 2\text{NaOH} \longrightarrow \text{C}_6\text{H}_5\text{ONa} + \text{Na}_2\text{SO}_3 + \text{H}_2\text{O} \qquad (12.5)$$
ナトリウムフェノキシド

$$\text{C}_6\text{H}_5\text{ONa} + \text{HCl} \longrightarrow \text{C}_6\text{H}_5\text{OH} + \text{NaCl}$$
フェノール

ベンゼン環の不飽和結合は酸化されにくい．しかし，ナフタレンでは触媒として酸化バナジウム（V）V_2O_5 を加えて加熱すると，ベンゼン環の片方が酸化されてフタル酸が得られる．

$$\text{ナフタレン} \xrightarrow{\text{酸化}} \text{フタル酸} \qquad (12.4)$$

■**例題**■ ベンゼンには不飽和結合があるのに，エチレンとは異なり付加反応を起こしにくいのはなぜか．

解答 ベンゼンはπ電子が環全体に広がることで安定になっている（共鳴による安定化といってもよい）．もし仮に二重結合が開いて付加反応を起こすと，その部分はπ電子が広がっていけなくなるので，安定性を失うことになる．したがって反応しにくい．

12.3 各種の有機化合物

12.3.1 フェノールの仲間

ポリフェノールは赤ワインに大量に含まれ，脂肪の多い食事をとっていても，血液中の脂肪量がそれほど多くならないということで注目されている物質である．

リンゴの皮をむくと，リンゴの実の部分がやがて茶色になってくる．ジャガイモやレタスなどの切り口も茶色になる．この変色はポリフェノールによるものである．果物や野菜を切ると，その切り口付近の壊れた細胞からしみでたポリフェノールが，空気中の酸素によって酸化され茶色になる．

ポリフェノールはいろいろな植物に存在し，その種類も数千種類に及ぶが，いずれもベンゼン環に2個以上のヒドロキシ基が結合している多価フェノー

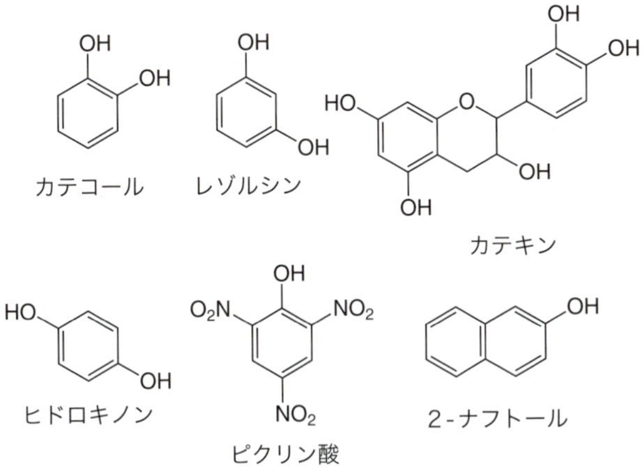

図12.6 ポリフェノール（上段）とその他のフェノール類

ル構造が存在している（図12.6）.

12.3.2 アルコール，アルデヒド，ケトン，カルボン酸

アルコールにみられる重要な反応は，アルコール自身の酸化反応である．この反応では，図12.7のようにアルコールのちょっとした違いで，それぞれ特有の生成物が得られる．また，アルコールの種類によっては，この種の酸化に対しては，強力に抵抗するもの（第3級アルコール）もある．

酸化によって"アルデヒド"が生じるものを第1級アルコール，"ケトン"が生じるものを第2級アルコールという．アルデヒドとケトンには，構造的な類似点がある．どちらも骨格中にカルボニル基（$>C=O$）をもつことである．ケトンではカルボニル基に二つの炭化水素基が結合しているが，アルデヒドはカルボニル基に一つ（ホルムアルデヒドは例外で，二つ）Hが結合したもので，示性式で–CHOのように表すのが恒例となっている．この，カルボニル基についたHは酸化されやすく，容易にOHになってしまう．

アルデヒドの酸化反応で得られる物質は，カルボン酸だ．カルボン酸ではカルボニル基にOHがつながった形になっていて，これをカルボキシ基と

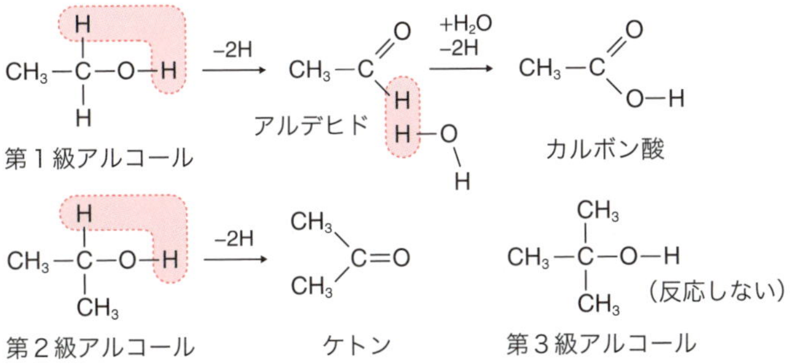

図12.7 アルコールの酸化反応

いう．

戦争中などエタノールが不足したときは，メタノールが飲まれたこともあったようだ．メタノールもエタノールと同様，体内に取り込まれると酸化反応が起こり，ホルムアルデヒドを経てギ酸が生じ，さらに二酸化炭素と水になる．

$$CH_3OH \xrightarrow{酸化} HCHO \xrightarrow{酸化} HCOOH \xrightarrow{酸化} CO_2 + H_2O \qquad (12.5)$$

メタノールを飲用すると，その後視覚に障害がでてくることがある．それは，ホルムアルデヒドの毒性が高いためである．ホルムアルデヒドの水溶液はホルマリンと呼ばれ，生物の標本をつくるときなどに利用される物質（劇薬）である．生物の組織がいわば無生物化(固定)されるために腐敗しない．そのホルムアルデヒドの影響を受けやすい組織の一つが眼なのである．

アルデヒド，ケトンにみられる >C=O 二重結合は，エチレンの C=C 結合とどう違うのだろうか．ここでも先に述べた電気陰性度の違いを取り入れると，電気陰性度の大きい酸素原子の影響で，C=O 結合の電子は酸素のほうに片寄って分布している[*3]．そのため，炭素は部分的に正電荷（δ+），酸素は部分的に負電荷（δ−）を帯びることになる．

そこでカルボニル化合物にアタックする試薬も分極している場合，負電荷を帯びたものは炭素へ，正電荷を帯びたものは酸素へと，ちょうど極性の異なる極どうしが引き合う磁石のように，正負の符号が反対のものどうしが近

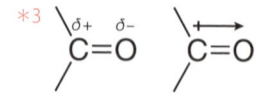

---

column　飲酒運転の呼気試験

お酒の成分のエタノールは体に吸収されやすく，血管の壁をすばやく通りぬけ，全身にゆきわたる．体の組織中の濃度は，すぐに血液のなかの濃度と等しくなる．とくに脳は血流がよいので，血液中のエタノールの濃度が 0.1% 以上になると，脳のなかの神経を軽く麻痺させる．すると，大脳の抑制作用がとれて愉快になり，血管が拡張して皮膚が赤くなる．もちろんこれは，車を運転してはいけない状態だ．

お酒を飲んだ人は，呼気，つまり吐息のなかや尿中にもすぐにエタノールがでてくる．それで呼気試験という方法で，酒酔いの疑いのある運転者を調べることがある．この試験は手軽で，なかにシリカゲルの粉末と，橙色をした化合物（$K_2Cr_2O_7$），それに少量の硫酸が詰められたチューブを用意し，運転者に息を吹き込んでもらう．もしお酒を飲んでいると，吐息のなかのアルコールの作用によって，チューブに沿ってしだいに橙色から緑色へ変わっていく．エタノールがアセトアルデヒドから酢酸へと酸化されていくときに，六価のクロム（橙色）が還元されて三価のクロム（緑色）に変わっていくのだ．緑色がチューブの中間の印を越えると，血中のアルコール濃度が 0.08% 以上だとわかる．

$2 K_2Cr_2O_7 + 8 H_2SO_4 + 3 CH_2CH_2OH \longrightarrow$
（橙色）
$2 Cr_2(SO_4)_3 + 2 K_2SO_4 + 3 CH_3COOH + 11 H_2O$
（緑色）

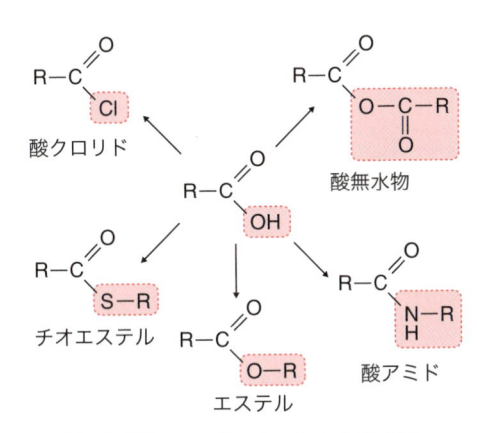

図12.8 カルボン酸のおもな誘導体

づくように反応する．

一般に，アルデヒドのほうがケトンよりも反応性は大きく，ホルムアルデヒドが最も反応しやすい．

カルボン酸は電離して中和反応を起こし，相当する塩をつくる．また，カルボキシ基中の OH をほかの原子または官能基で置き換える反応は，重要性が高い(図 12.8)．

反応性の高い順に並べると，

　　酸クロリド＞チオエステル＞酸無水物＞エステル＞酸アミド

のようになる．

12.4 プラスチック

私たちの身のまわりには，プラスチック(合成樹脂)の製品がたくさんある．プラスチックは，金属などと比べて成形・加工しやすい，軽くてやわらかい，電気・熱を伝えにくいなどの特徴をもつ．

12.4.1 プラスチックの分類

プラスチックは，石油などを原料として人工的につくられた物質である．プラスチックは非常に大きな分子からできており，高分子化合物と呼ばれる．高分子化合物の特性として，熱や力を加えていろいろな形に成形することができる．このような性質を可塑性といい，プラスチックという名称はこの性質に由来する．

プラスチックは熱による性質の違いによって，熱可塑性樹脂と熱硬化性樹脂(図 12.9)の二つに分けられる．

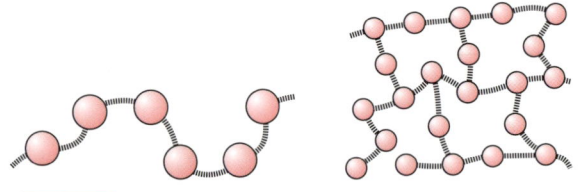

図12.9 熱可塑性樹脂(左)と熱硬化性樹脂(右)の構造

【熱可塑性樹脂】熱可塑性樹脂の固体中ではいろいろな長さの高分子化合物が複雑にからみあっているので，規則正しく配列した分子が結晶として大きくなることはない．このため，配列が規則正しい結晶部分と，配列がばらばらな無定形部分が混じっている．

この結晶部分の割合が大きければかたい樹脂になり，無定形部分の割合が大きければやわらかい樹脂になる．

【熱硬化性樹脂】熱硬化性樹脂の一つであるフェノール樹脂は，フェノール分子とホルムアルデヒド分子が縮合して小さな化合物をつくり，その小さな化合物からさらに水分子がとれながら縮合重合してできたポリマーである（図12.10）．加熱することによって，重合反応が分子の間に橋をかけるように進んで，立体的な網目構造となるため，かたくなる．

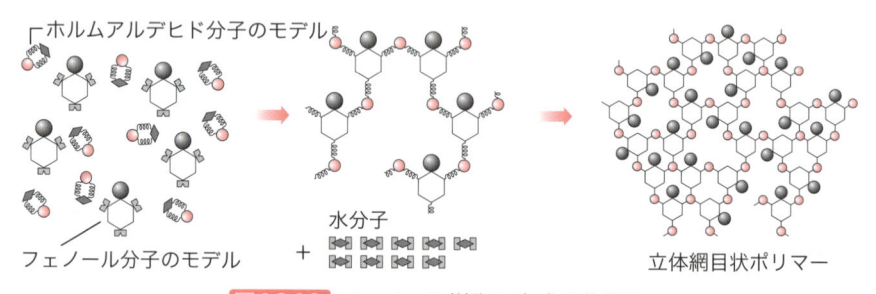

図12.10 フェノール樹脂の生成の仕組み

熱可塑性樹脂は，長い線状の分子がからみあってできていて，加熱するとやわらかくなり，冷えると固まる性質がある．熱可塑性樹脂には，ポリエチレンやポリ塩化ビニルなどがある．一方の熱硬化性樹脂は，小さな分子の混合物を加熱して，立体的な網目状に結合させたものである．熱硬化性樹脂には，フェノール樹脂（ベークライト）などがある．

12.4.2 単量体と重合体

プラスチックのような高分子化合物は，小さな分子が次々と鎖のようにつながって形成される．この小さな分子をモノマー（単量体）といい，モノマーが多数集まった高分子化合物をポリマー（重合体）という．多数のモノマー

が結合してポリマーになる反応を重合と呼ぶ．重合には次のような反応がある．

【付加重合】 ポリエチレンは，エチレンが次々と結合してできたポリマーである．エチレンどうしが結合するとき，図12.11のようにエチレン分子の一つの結合を，となりのエチレン分子との結合に組みかえて，互いに連結していく．このような重合の仕方を付加重合という．

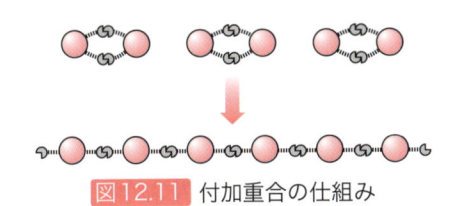

図12.11 付加重合の仕組み

エチレンを重合させると，条件によって枝分かれのないポリエチレンと枝分かれの多いものとができる．枝分かれのないポリエチレンは，分子がそろった結晶部分とそろっていない無定形部分とからなり，不透明でかたい．一方，枝分かれの多いポリエチレンは，結晶部分ができにくいので，透明でやわらかい．おもな付加重合を表12.1に示す．

表12.1 付加重合のモノマーとポリマー

モノマー	ポリマー	用途など
$CH_2=CH_2$ エチレン	$-(CH_2CH_2)-$ ポリエチレン(PE)	容器，ラップ
$CH_2=CHCl$ 塩化ビニル	$-(CH_2CHCl)-$ ポリ塩化ビニル(PVC)	ホース，シート
$CH_2=CHC_6H_5$ スチレン	$-(CH_2CHC_6H_5)-$ ポリスチレン(PS)	食品トレイ，容器
$CH_2=CHCN$ アクリロニトリル	$-(CH_2CHCN)-$ ポリアクリロニトリル	アクリル繊維
$CH_2=CCl_2$ 塩化ビニリデン	$-(CH_2CCl_2)-$ ポリ塩化ビニリデン(サラン)	ラップ
$CF_2=CF_2$ テトラフルオロエチレン	$-(CF_2CF_2)-$ テフロン	フライパン表面加工

【縮合重合】 ポリエチレンテレフタラート（PET）は，テレフタル酸分子とエチレングリコール分子の間で，水分子がとれながら次々と結合してできたポリマーである．このような重合の仕方を縮合重合という（図12.12）．

ポリエチレンテレフタラート（PET）は，芳香族ジカルボン酸とエチレングリコールというアルコールの間で脱水反応が起きて生じたものであるから，基本となる結合はエステル結合である．エステル結合からなるポリマーなの

図12.12 縮合重合の仕組み

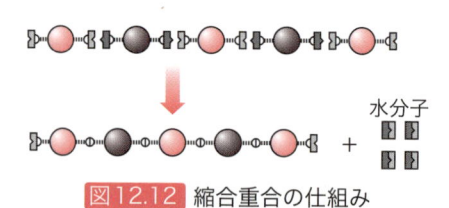

で,ポリエステルと呼ばれることもある.ナイロンやアラミドも縮合重合によるポリマーである.ナイロンはアジピン酸などの脂肪族ジカルボン酸とヘキサメチレンジアミンなどの脂肪族ジアミンの間で,水分子がとれながら縮合したポリマー,アラミドはイソフタル酸などの芳香族ジカルボン酸とメタフェニレンジアミンなどの芳香族ジアミンとの間で水分子がとれながら縮合したポリマーである.これらの基本となる結合は,どちらもアミド結合という.したがって,ナイロンとアラミドを総称してポリアミドということもある.

12.4.3　身のまわりのプラスチック製品

プラスチックはさまざまなところで使われ,私たちの生活を便利にしている.最近では,軽量化による燃料の節約が重視され,自動車や航空機などの輸送機関でも,金属のかわりに用いられるようになっている.また,特殊な機能をもつプラスチックも開発され,多方面に活用されている.

【アラミド繊維】 アラミド繊維は,燃えにくく,刃物などで傷つきにくいという特徴をもつ.これは分子の鎖が規則正しく平行に並んでいるためである.

【感光性高分子化合物】 感光性高分子化合物とは,光を受けることによって反応し,重合が進んだり,逆に分解したりする樹脂のことである.CDの原版の表面には細いみぞ(ピット)があるが,これは基盤の上にぬられた感光性樹脂にレーザー光を当ててつくられる.

【高吸水性高分子化合物】 紙おむつなどに用いられる高吸水性高分子化合物は,水がないときは体積が小さいが,水があると大量に吸水し,ふくれあがる.
　これは,高分子化合物が電解質としての性質をもち,水があると電解質が電離し,できたイオンどうしが反発し合うからである.

12.4.4　プラスチック利用の問題点

私たちは,大量のプラスチック製品の生産・消費を続けている.この結果,プラスチックごみをどう処理するかという新たな問題が生じている.プラスチックはほかの物質と違い,容易には自然環境のなかで分解しない.このた

め，使い捨てされたプラスチックのごみはそのまま残ってしまう場合が多い．
　また，プラスチック本体となる高分子化合物そのものには毒性がないが，プラスチック製品には未反応のモノマーや可塑剤，着色剤などが含まれている．これらがとけだしたりすると，自然界に拡散する．このなかには，内分泌かく乱物質として疑われているものもある．
　現在，プラスチックごみはうめ立てか焼却により処理されている．うめ立ての場合，うめ立て場所の確保が困難になりつつある．また，焼却処理では，有毒な塩化水素ガスやダイオキシンの発生が問題になることがあった．
　現在，ダイオキシン類を事実上まったく排出しないように，高温度での焼却方式が確立されつつある．プラスチックごみの焼却熱の有効利用（廃熱発電），または焼却することなく資源として再利用する技術の開発，さらには微生物によって分解されるプラスチック（生分解性プラスチック）の開発や実用化なども進められている．

12.4.5　天然繊維

【動物性繊維】 天然の動物性繊維の代表は絹（シルク）と羊毛（ウール）である．
　絹は蚕がつくる繭から巻き取った生糸を，石鹸水で煮てきれいにすると得られる．絹はフィブロインというタンパク質（おもにグリシンとアラニンからなるポリペプチド）で，光沢があり，手触りがよいので古くから高級織物用に用いられている．
　羊毛は毛髪と同様，ケラチンというタンパク質を主成分とする動物繊維で，高い吸湿性と保温性をもつ．紡績によって縮れていた繊維が引き延ばされ，弾力性を示すようになる．羊毛を燃やすと特有の臭気がでるので，絹や植物繊維と区別できる．

【植物性繊維】 植物繊維としては，綿や麻のような織物用の繊維と，木材から得られるパルプ（紙の原料）がある．どちらもセルロースが主成分である．セルロース繊維は分子が一定の配列をした結晶部分と，乱雑に集合した非結晶部分とからなり，両者の適当な配合によって繊維に強度，たわみやすさ，弾力性，染色性，吸湿性などが生まれるものと考えられている．

【再生繊維と半合成繊維】 セルロース繊維は木綿の場合で，約1万個までのグルコースが結合しているが，それでも顕微鏡スケールの短い繊維である．一般に，繊維としては細くて長いもののほうが品質がよいので，19世紀の終わり頃からセルロースをもとに，より長い繊維をつくる研究が進められてきた．その方法は一度なんらかの方法で溶液とし，それを引き延ばすことで長い繊維として再生するものといえる．この再生繊維をレーヨンと呼ぶ．

レーヨンには，セルロースを水酸化ナトリウムで溶かしてからつくるビスコースレーヨン，セルロースの銅アンモニア塩溶液から得られるベンベルグレーヨン（銅アンモニアレーヨン，キュプラともいう），酢酸セルロースの形にしてからつくる，アセテートレーヨン（単にアセテートともいう）がある．このうち，アセテートレーヨンは，セルロースのOH基を無水酢酸で部分的にアセチル化し，合成した酢酸セルロースを溶媒に溶かして糸に成型するので半合成繊維と呼ばれる．レーヨンはいろいろな形態の繊維として広く用いられている．

章末問題

1. 分子式 C_4H_{10} の化合物には，ブタンと 2-メチルプロパンの2種類がある．それぞれ構造式と示性式を書け．

2. 分子式 $C_4H_{10}O$ で表されるアルコールの構造式をすべて書け．

3. ベンゼンの特徴について間違っているものはどれか．記号で答えよ．
    (a) 骨格は正六角形である．
    (b) マイケル・ファラデーが発見した．
    (c) 二重結合が3か所あるので容易に付加反応が起こる．
    (d) ベンゼン環上のHはいろいろな基に置換される．
    (e) ベンゼンは芳香族化合物である．

4. アルコールの特徴について正しいものはどれか．記号で答えよ．
    (a) OH基をもつ化合物はすべてアルコールである．
    (b) アルコールはすべて水によく溶ける．
    (c) 酸化反応を行っても変化しないアルコールもある．
    (d) カルボン酸と反応させると，高分子化合物になる．
    (e) アルコールは中性である．

5. 次のモノマーからできるポリマーの名称を答えよ．
    (a) エチレン (b) 塩化ビニル (c) プロペン（プロピレン）
    (d) アジピン酸とヘキサメチレンジアミン
    (e) テレフタル酸とエチレングリコール

6. 次のなかで合成繊維はどれか．記号で答えよ．
    (a) ナイロン (b) レーヨン (c) ポリエステル
    (d) シルク (e) ウール

章末問題の解答

● 第1講

1. (1) 純物質：(ア), (ウ), (エ), (カ), (キ), (ク)
    混合物：(イ), (オ)
   (2) 単体：(ア), (エ), (ク)　化合物：(ウ), (カ), (キ)
2. 食塩が全部溶ける量の水を加えて食塩を溶かし，ろ過してろ液の食塩水を蒸発皿に入れ，熱して水を蒸発させる（ろ過しなくても静置して食塩水を別の容器に取りだしてもよい）．
3. (ア), (ウ), (カ), (キ)
4. (1) (イ)　(2) (ア)

● 第2講

1. （略解）図 2.3 および表 2.1 を参照せよ．
2. $62.9 \times 0.692 + 64.9 \times 0.308 = 63.5$
3. $\lambda = \left[R_H\left(\dfrac{1}{2^2} - \dfrac{1}{3^2}\right)\right]^{-1} = (109678\ \text{cm}^{-1} \times \dfrac{5}{36})^{-1}$
   $= 6.56 \times 10^{-5}\ \text{cm} = 656\ \text{nm}$
4.
	s 軌道	p 軌道	d 軌道	f 軌道
K 殻	1s	×	×	×
L 殻	2s	2p	×	×
M 殻	3s	3p	3d	×
N 殻	4s	4p	4d	4f

5. 周期表の左端から順に ns^1, ns^2, np^1, np^2, np^3, np^4, np^5, np^6

● 第3講

1. (a) 炭素 C　(b) ナトリウム Na　(c) 塩素 Cl
   (d) カルシウム Ca　(e) 鉄 Fe
2. (c), (d)
3. 第3周期の 3d 軌道のエネルギーは第4周期 4s 軌道のエネルギーよりも高いから，3s 軌道（電子2個）と 3p 軌道（電子6個）で第2周期と同様に電子殻が閉殻する．
4. カルシウム原子が電子2個を失うことにより，アルゴンと同じ電子配置（図は省略）をとるから．
5. 最外殻である L 殻に 8 電子が配置され，閉殻しているから．
6. イオン化エネルギーは，電気的に中性な原子から電子を取り，陽イオンとするときのエネルギーであり，フッ素原子から電子を取り陽イオンとすることは困難であるから（注：電気的に中性な原子に電子を与え，陰イオンとするときのエネルギーではない）．

● 第4講

1. (1) $KMnO_4$　(2) $K_2Cr_2O_7$　(3) Na_2HPO_4
   (4) Ag_2CO_3　(5) $KAl(SO_4)_2$
2. (1) $NaClO$　(2) K_2SO_4　(3) $Cu(NO_3)_2$
   (4) $(NH_4)_2CO_3$　(5) PbS　(6) CS_2
3. (1) 炭酸カリウム　(2) リン酸カルシウム
   (3) 硫酸鉄(III)　(4) 酢酸鉛(II)　(5) 硝酸亜鉛(II)
4. (1) $2\,Zn + O_2 \rightarrow 2\,ZnO$
   (2) $C_2H_4 + 3\,O_2 \rightarrow 2\,CO_2 + 2\,H_2O$
   (3) $2\,KI + Cl_2 \rightarrow 2\,KCl + I_2$
   (4) $2\,F_2 + 2\,H_2O \rightarrow 4\,HF + O_2$
   (5) $4\,FeS_2 + 11\,O_2 \rightarrow 2\,Fe_2O_3 + 8\,SO_2$
5. (1) $Ca(HCO_3)_2 \rightarrow CaCO_3 + CO_2 + H_2O$
   (2) $AgNO_3 + NaCl \rightarrow AgCl + NaNO_3$
   (3) $H_2SO_4 + Ba(OH)_2 \rightarrow BaSO_4 + 2\,H_2O$
   (4) $2\,KClO_3 \rightarrow 3\,O_2 + 2\,KCl$
   (5) $Ca(ClO)_2 + 4\,HCl \rightarrow 2\,Cl_2 + CaCl_2 + 2\,H_2O$

● 第5講

1. (1) 炭素原子 0.15 mol, 酸素原子 0.30 mol
   (2) 4.8 g, 6.72 L　(3) 82 g, 3.0×10^{23} 個
2. (1) 0.20 mol/L　(2) 0.050 mol
   (3) 5.0 g　(4) 1.87%
3. (1) 1.0 mol　(2) 36.4 L
4. (1) 11.2 L　(2) 5.10 mol/L　(3) 14.1 mL
   (4) 4.02%（モル濃度は 0.67 mol/L）

● 第6講

1. H:Ö:Ö:H　　$\left[\begin{array}{c} H \\ H:N:H \\ H \end{array}\right]^+$

   H:C:C:C:H（H 付き）　　:Cl:Cl:

2. （順に）折れ線形，直線形，四面体形，三角錐形，折れ線形
3. (6.3 参照)
4. 分子量の大きい分子のほうがファンデルワールス力が大きいから(6.5.1 参照)．
5. 分子間に水素結合を生じるから(6.5.2 参照)．

● 第7講
1. (7.2, 7.3, 7.6 参照)
2. (順に) 8, 12, 6, 8
3. 球の占める体積を，単位格子の体積で割ればよい．体心立方格子では球の半径を r とすると，単位格子の1辺の長さは $4/\sqrt{3}\, r$．球は単位格子内に2個存在するから
$$4/3\pi r^3 \times 2 \div (4/\sqrt{3}\, r)^3 \times 100 = 68\%$$
同様に面心立方では単位格子の1辺が $2\sqrt{2}\, r$ であり，単位格子内に球が4個存在するから
$$4/3\pi r^3 \times 4 \div (2\sqrt{2}\, r)^3 \times 100 = 74\%$$
4. 金1gの体積は $1/19.3 = 0.0518\ \mathrm{cm}^3$．これを $1\ \mathrm{m}^2$ に広げれば，厚みは $51.8\ \mathrm{nm}$ となる．
$51.8/0.235 = 220.4$　　(答) 約 220 層

● 第8講
1. 反応熱は $\Delta H = -459 \times 2 - [(-432) + (-494 \times 0.5)] = -239\ \mathrm{kJ/mol}$ で発熱反応．
2. 反応熱は $\Delta H = -1.9\ \mathrm{kJ/mol}$ で発熱反応．
3. $\Delta H > 0$（吸熱反応），$\Delta S > 0$（エントロピー増加）．温度 T が高いほど，$\Delta S^{外界} = \Delta H/T$ の減少が小さくなり，$\Delta S^{宇宙}$ は大きくなるので蒸発は自発的に起こりやすい．
4. $Q_c = 2^2/(1 \times 1) = 4 < 64 = K$ なので $H_2 + I_2 \to 2\,HI$ の反応が進む．反応する物質量を x として $(2+2x)^2/(1-x)^2 = 64$ を解いて $x = 0.6\ \mathrm{mol}$ より，$H_2\ 0.4\ \mathrm{mol}$, $I_2\ 0.4\ \mathrm{mol}$, $HI\ 3.2\ \mathrm{mol}$．
5. $[A]_0/2 = [A]_0 \exp(-kt_{1/2})$ より $t_{1/2} = (\ln 2)/k$．

● 第9講
1. （酸，塩基とも）H_2O (9.1.2 参照)．
2. 9.1.2 の式(9.4) 参照．
3. 残る水酸化物イオンの物質量は
$0.1 \times (900/1000) - 0.2 \times (100/1000) \times 2 = 0.05\ \mathrm{mol}$
体積は $100 + 900 = 1000\ \mathrm{mL}$　　(答) $0.05\ \mathrm{mol/L}$
4. $[H^+] = c\alpha$
5. 9.4.3 参照．

● 第10講
1. (1) $+5$　　(2) $+6$
2. 前が「酸化された原子」，後ろが「還元された原子」
　(ア) Ag　N　(イ) Mg　C　(ウ) I　Cl
　(エ) Zn　Cu　(オ) Na　H
3. 酸化剤：$K_2Cr_2O_7$　還元剤：H_2S
4. (1) $H_2O_2 \to 2\,H^+ + O_2 + 2\,e^-$
　(2) $2\,MnO_4^- + 6\,H^+ + 5\,H_2O_2 \to 2\,Mn^{2+} + 5\,O_2 + 8\,H_2O$
　(3) $2\,KMnO_4 + 3\,H_2SO_4 + 5\,H_2O_2 \to 2\,MnSO_4 + K_2SO_4 + 5\,O_2 + 8\,H_2O$
5. W：Na, X：Ag, Y：Zn, Z：Cu
6. (1) 負極　　(2) (イ)　　(3) (イ)

● 第11講
1. いずれも銀白色の比重の小さい金属で，軟らかく，融点が低い．最外殻電子が1個であるため，これを放出して1価の陽イオンになりやすい．
2. イオン化傾向が小さいほどほかの元素と反応しにくいため，単体の金属を得やすいので，人類は金→銅→鉄→アルミニウムのようにイオン化傾向の小さい金属から利用してきた．
3. ペンキなどの塗料をぬったり，酸化物の膜でおおって内部を保護する方法と，めっきすることによって，鉄などの表面を，鉄よりもさびにくい金属でおおう方法がある．
4. (c), (d)
5. セラミックスには，かたい・燃えない・腐食しにくいという性質があるが，原料を高純度に精製することによってつくった，特殊な性質をもったものをファインセラミックスという．
6. 最も非金属性の強い元素であり，すべて1価の陰イオンになる．ハロゲン単体は気体状態では2原子分子で，いずれも有色の気体となり，吸い込むと有害である．

● 第12講
1.
$CH_3CH_2CH_2CH_3$　　$CH_3CH(CH_3)CH_3$
ブタン　　　　　　　　2-メチルプロパン

2.
$CH_3CH_2CH_2CH_2OH$　　$CH_3CH(CH_3)CH_2OH$
1-ブタノール　　　　　　2-メチル-1-プロパノール

$CH_3CH_2CH(OH)CH_3$　　$CH_3COH(CH_3)CH_3$
2-ブタノール　　　　　　2-メチル-2-プロパノール

3. (c)
4. (c), (e)
5. (a) ポリエチレン　　(b) ポリ塩化ビニル
　(c) ポリプロピレン　　(d) ナイロン
　(e) ポリエチレンテレフタラート (PET)
6. (a), (c)

索 引

■ あ 行 ■

アクチノイド（アクチニウム系列）	38
アクリル繊維	165
アクリロニトリル	165
アズレン	158
アセチレン	155
アセテートレーヨン	168
アニリン	159
アボガドロ数	56
アボガドロの分子説	28
アミド結合	166
アミノ基	159
網目構造	164
アミン	159
アモルファス→非晶質	
アラミド	166
―― 繊維	166
亜硫酸ガス	152
アルカリ金属	37, 141
アルカリ性	151
アルカリ土類金属	37, 142
アルカン	80, 155
アルキン	155
アルケン	155
アルコール	148, 156, 161
アルゴン	149
アルデヒド	161
アルミニウム	140
アレニウス	109
安定化	157
安定同位体	18
アントラセン	158
アンモニア NH_3	77, 78, 146, 149, 150
硫黄化合物	152
イオン	16
―― 化エネルギー	30
―― 化傾向	133
―― 化列	134
―― 結合	69, 86
―――― 距離	89
―― 結晶	87
―― 半径	35
異性体	146, 156
イソフタル酸	166
一次反応	106
一酸化炭素 CO	150
一酸化窒素 NO	151
一酸化二窒素 N_2O	151
陰イオン	16, 31
うめ立て	167
液体空気	149
液体窒素	151
s軌道	24
エステル	163
―― 結合	165
エタノール	150, 156
エタン	155
エチレン	155, 165
エチレングリコール	165
越境汚染	152
X線	143
―― 回折	146
エッセンス	156
エーテル	148, 150, 154
f軌道	24
塩	119
塩化アンモニウム	151
塩化水素 HCl	118
塩化ビニリデン	165
塩化ビニル	165
塩基性塩	120
延性	83
塩素	47, 149
―― 水	147
―― ラジカル	149
エンタルピー	97
エントロピー	99
オイゲノール	157
黄銅	140
オキソニウムイオン	109
オクテット則	70, 71
オゾン O_3	78, 149
折れ線形	146

■ か 行 ■

化学結合	69
化学式	41
化学反応式	45
化学平衡	103
化学変化	11
可逆反応	102
化合物	6
過酸化銀	149
過酸化水素水	149
価数	113
可塑剤	167
ガソリン	155
活性化エネルギー	106
活量	114
―― 係数	114
カテキン	161
カテコール	161
価電子	22
カビ取り剤	152
ガラス	143
カルキ	148
カルボキシ基	161
カルボニル基	161
カルボニルヘモグロビン	150
カルボン酸	161
川崎ぜんそく	152
環境問題	151
還元	123～126
―― 剤	129
感光性高分子化合物	166
環状化合物	154
環状構造	154
緩衝溶液	121
官能基	154
気化	150
希ガス	37
起電力	135
希土類	37
揮発性	152
揮発油	155
ギプス	142
ギブズエネルギー	102
吸熱反応	95
キュプラ→ベンベルグレーヨン	
強酸	113
共鳴	72
―― エネルギー	157
共役	111
―― 塩基	111
―― 酸	111
共有結合	69
―― 性結晶	88
金属	139
―― －金属結合	69
―― 結合	69, 83
―― 結晶	83
―― 元素	35, 139
―― の特徴	139
―― の利用	140
空気の成分	149
クロマトグラフィー	7
クロルダン	159
クロロフルオロカーボン類（フロンガス）	149
クロロベンゼン	158
クロロホルム	148
クーロン引力	70
クーロン力	15
ケイ砂	143
軽油	155
ケクレ	157

索 引

項目	ページ
結合エネルギー	97
結合角	77
結合性分子軌道	74
結晶	94
── 部分	164
ケトン	161
ケラチン	167
限界イオン半径比	91
原子	4, 13
── 核	5, 14
── 半径	35
── 番号	16, 30
── 量	18, 30
元素	5
── 記号	27
光化学オキシダント	150
光化学スモッグ	150
光化学反応	154
高吸水性高分子化合物	166
合金	140, 141
光合成	150
光子	20
格子エネルギー	89
合成樹脂→プラスチック	
酵素	108
構造	1
── 異性体	156
── 式	42, 156
剛体	84
高電子密度領域	77
高分子化合物	154
五塩化リン PCl_5	70, 78
固有X線	30
孤立電子対	70
コールタール	158
コンクリート	143
混合物	7
混酸	159

さ 行

最外殻電子	22
再結晶	7
再生繊維	167
最密充塡	84
── 構造	84
鎖状化合物	154
さび	141
サーマル NO_x	151
さらし粉(クロル石灰)	148
酸アミド	163
酸化	123, 124, 125, 126
── 還元滴定	132
── 還元反応	126
── 剤	129
── 数	127

項目	ページ
酸化カルシウム CaO	142
三角錐形	146
酸化クロム(Ⅲ)	144
酸化コバルト	144
酸化窒素	150
酸化鉄(Ⅲ)	144
酸化銅(Ⅱ)	144
酸化バナジウム(V)	160
酸クロリド	163
三元触媒方式	151
三酸化硫黄 SO_3	159
三重結合	71, 153
酸性塩	120
酸素	149
── 欠乏(酸欠)	149
3中心2電子結合	73
三フッ化ホウ素 BF_3	77, 78, 146
酸無水物	163
三ヨウ化物イオン	148
次亜塩素酸 HClO	147
次亜塩素酸カルシウム $Ca(ClO)_2$	148
次亜塩素酸ナトリウム NaClO	152
磁器	144
示性式	41, 156
質量数	16
質量百分率	64
質量百万分率(ppm)	64
質量保存の法則	11
質量モル濃度	64
脂肪族化合物	154
脂肪族炭化水素	155
ジボラン B_2H_6	73
弱酸	113
写真感光材料	148
臭化水素 HBr	118
── 酸	148
臭化ナトリウム NaBr	148
周期	36
── 表	36
重合体	164
臭素水	148
住宅用洗剤	152
自由電子	83
充塡率	85
重油	155
縮合重合	166
ジュラルミン	140
純粋な物質(純物質)	7
昇華	80, 152
── 性	150, 152
笑気ガス→一酸化二窒素	
焼却処理	167
硝酸	151
常磁性	75
焼石こう	142

項目	ページ
状態変化	10
蒸発	152
上方置換	151
蒸留	7
触媒	107, 157
植物性繊維	167
人工関節	145
人工骨	145
真ちゅう	140
水酸化カルシウム $Ca(OH)_2$	142, 148, 151
水酸化ナトリウム NaOH	147, 151
水上置換	149, 150
水素	149
── イオン指数(pH)	117
── イオン濃度	115
── 化物イオン	32
── 結合	69, 80
水平化効果	118
スチレン	165
スピン	74
スルホ基	159
正塩	120
正極活物質	135
正三角形	146
性質	1
正四面体構造	146
生成物	95
生石灰→酸化カルシウム	
成層圏のオゾン層	149
青銅	140
生物の呼吸	149
生分解性プラスチック	167
生命現象	154
清涼飲料水	150
正六角形	157
石英	144
── ガラス	144
石油火災	154
石油コンビナート	152
石油ベンジン	154
石灰岩	150
石灰石	142
石こう	142
セメント	143
セラミックス	143
セルロース	167
遷移元素	37
潜熱	150
相対質量	17
族	36
組成式	42
ソーダ石灰ガラス	144

索引

■ た 行 ■

項目	ページ
第1イオン化エネルギー	32
ダイオキシン	167
体心立方格子	85
耐熱材料	90
大理石	142
多価フェノール構造	160
多結晶	94
脱硫浄化装置	152
ダニエル電池	135
炭化	154
単結合	71, 153
単結晶	94
炭酸カルシウム $CaCO_3$	142
短周期型周期表	36
単純立方格子	85
炭素環化合物	154
単体	6
タンパク質	167
単量体	164
チオエステル	163
チタン	143
窒化物	150
窒素	149, 150
── 酸化物	151
── 肥料	151
着色剤	167
抽出	7
中性子	5, 15
中和	119
── 条件	120
── 滴定	120
超原子価化合物	70
丁子油	157
長周期型周期表	37
長石	144
d 軌道	24
抵抗率	83
定常状態	19
デカクロロビフェニル	159
滴定曲線	122
鉄	140
鉄族元素	37
テトラフルオロエチレン	165
テトラポット	145
テフロン	165
テレフタル酸	165
電荷	13
電解質	166
電気陰性度	34, 80
電気素量	14
電気抵抗	83
電気的中性の原理	31
電気伝導率	83
電気分解	28
── の法則	157
典型元素	37
電子	5, 13
── 雲	24
── 殻	21, 31
── 式	23, 42
── 親和力	33
── スピン	25
── 配置	22, 30, 39
── 不足化合物	73
電磁気力	69
電子線回折	146
電子対反発モデル	76
電磁誘導	157
展性	83
電池	135
天然繊維	167
デンプン	150
電離度	113
電離平衡	115
銅	140
銅アンモニアレーヨン→ベンベルグレーヨン	
同位体	17, 30
陶器	144
陶磁器	143, 144
同素体	6
導電率→電気伝導率	
動物性繊維	167
灯油	155
土器	144
特定フロン	149
ド・ブロイ波長	23
ドライアイス	80, 150
ドルトンの原子説	28

■ な 行 ■

内分泌かく乱物質	167
ナイロン	166
ナトリウムフェノキシド	159
ナフサ	155
ナフタレン $C_{10}H_8$	80, 158
2-ナフトール	161
鉛蓄電池	136
二酸化硫黄 SO_2	149, 152
二酸化ケイ素 SiO_2	143
二酸化炭素 CO_2	78, 149, 150
── 循環	150
── 濃度	150
二酸化窒素 NO_2	151
二酸化マンガン MnO_2	149
二次反応	106
二重結合	71, 153
ニッケル銅	140
ニトロ化	159
ニトロ基	159
ニトロベンゼン	159
尿素	151
ネオジム磁石	140
ネオン	149
熱化学方程式	96
熱可塑性樹脂	163
熱硬化性樹脂	163
熱分解反応	53
熱力学第一法則	95
熱力学第二法則	99
燃焼	51
粘土	144
濃硫酸	159
ノックス	151

■ は 行 ■

配位結合	69, 154
配位数	85, 89
排ガス浄化装置	151
π電子	157
π電子雲	158
廃熱発電	167
白銅	140
％濃度	64
八隅説→オクテット則	
発煙硫酸	159
発がん物質	158
白金族元素	37
発熱反応	95
波動方程式	24
バニラ	156
バニリン	157
ハーバー・ボッシュ法	151
パラフィン	153
パルプ	167
ハロゲン	37
── 化	158
── 族	147
反結合性分子軌道	74
半減期	18, 106
半合成繊維	167, 168
半導体	35
反応	1
── 次数	105
── 速度	105
── 定数	105
── 熱	95, 157
── 物	95
光触媒	143
光ファイバー	144
p 軌道	24
非共有電子対→孤立電子対	
非金属元素	35
ピクリン酸	161

索 引

非晶質	94	ヘスの法則	99
ビスコースレーヨン	168	ヘテロ環化合物	154
非電解質	154	ヘテロ原子	154
ヒドロキシアパタイト	142	ヘモグロビン	150
ヒドロキシ基	160	ヘリウム	149
ヒドロキノン	161	ベルセリウス	27
ヒドロニウムイオン	109	ペンキ	141
ビュレット	121	ベンゼン	156
標準圧力	96	── 環	156
漂白剤	152	ベンゼンスルホン酸	159
ファインセラミックス	143, 145	ベンゼンヘキサクロリド(BHC)	158
ファンデルワールス力	69, 80	ベンゾ[a]ピレン	158
ファント・ホッフ	146	ベンベルグレーヨン	168
VSEPRモデル→電子対反発モデル		ボーア半径	21
フィブロイン	167	ボーア・モデル	19
フェナントレン	158	ホウケイ酸ガラス	144
フェニレンジアミン	166	方向性	87
フェノール	159	芳香族アミン	159
フェノールフタレイン	121	芳香族化合物	154
負極活物質	135	芳香族ジアミン	166
副殻	23	芳香族ジカルボン酸	165, 166
フタル酸	160	芳香族性	158
ブタン	149, 153, 155	放射性壊変	18
不対電子	23, 70	放射性同位体	18
フッ化水素 HF	81, 147	放射線	18
── 酸	147	飽和化合物	154
フッ化ナトリウム NaF	147	ポリアクリロニトリル	165
物質	2	ポリアミド	166
── の状態	9	ポリエステル	166
── 量	56	ポリエチレン(PE)	165
フッ素	147	ポリエチレンテレフタラート(PET)	165
物体	2	ポリ塩化ビニリデン(サラン)	165
沸点	80, 154	ポリ塩化ビニル(PVC)	165
物理変化	10	ポリスチレン(PS)	165
物理量	55	ポリフェノール	160
不飽和化合物	154	ポリマー	164
フューエル NO_x	151	ホールピペット	121
プラスチック	163	ホルマリン	162
ブレンステッド	110	ホルムアルデヒド	162
── の定義	110	ポロニウム	85
── ・ローリー	110		
1-プロパノール	156	**■ ま 行 ■**	
2-プロパノール	156	マイケル・ファラデー	157
プロパン	149, 153, 155	マーデルング定数	89
プロペン	155	マンガン乾電池	136
分極	80	水 H_2O	77
分光学	146	── のイオン積	115
分光分析法	28	── 分子	146
分子間力	154	三組元素	37
→ファンデルワールス力		無機物	7
分子軌道	72, 74	無定形部分	164
分子式	42	メタノール	156
閉殻	22, 31	メタン CH_4	77, 78, 145, 149, 153, 155
平衡定数	103		
ヘキサクロロシクロヘキサン	158		

メチルオレンジ	121		
メチルレッド	121		
めっき	141		
メモリー効果	137		
面心立方格子	84		
メンデレーエフ	28		
── の周期表	29		
── の周期律	29		
モノマー	164		
モル質量	57		
モル濃度	64		
■ や, ら行 ■			
有機化合物	153		
有機物	7		
有機溶媒	154		
融点	80, 89, 154		
油状物	154		
陽イオン	16, 31		
ヨウ化カリウム	148		
ヨウ化水素 HI	118, 148		
── 酸	148		
陽子	5, 15		
ヨウ素デンプン反応	148		
ヨウ素-ヨウ化カリウム水溶液	148		
四日市ぜんそく	152		
四フッ化キセノン XeF_4	78		
ラボアジェ	27		
ラムゼー	29		
乱雑さ	99		
ランタノイド(ランタン系列)	38		
リチウム電池	136		
立方最密格子	84		
硫化水素 H_2S	152		
硫酸カルシウム $CaSO_4$	142		
硫酸バリウム $BaSO_4$	90, 143		
粒子と波動の二重性	23		
量子化条件	19		
量子数	20		
リン酸カルシウム $Ca_3(PO_4)_2$	142		
リンダン	159		
ルイス塩基	112		
ルイス酸	112		
ルイスの定義	111		
ル・シャトリエの原理	104		
冷却剤	150		
レゾルシン	161		
レーヨン	167		
レンガ	143		
レントゲン写真	143		
ろ過	7		
六フッ化硫黄 SF_6	70, 77, 78		
六方最密格子	84		
ローンペア→孤立電子対			

● 著者略歴

左巻　健男
1949年栃木県生まれ．1975年東京学芸大学大学院修士課程(物理化学講座)修了．現在，東京大学講師・元法政大学教職課程センター教授．教育学修士．

露本　伊佐男
1969年兵庫県生まれ．1996年東京大学大学院工学系研究科応用化学専攻博士課程修了．現在，金沢工業大学バイオ・化学部応用化学科教授．博士(工学)．

藤村　陽
1962年東京都生まれ．1991年東京大学大学院理学系研究科博士課程修了．2009年4月より，神奈川工科大学基礎・教養教育センター教授．理学博士．

山田　洋一
1956年東京都生まれ．1981年東京都立大学大学院修士課程修了．現在，宇都宮大学共同教育学部地域創生科学研究科工農総合科学専攻農芸化学プログラム教授．博士(理学)．

和田　重雄
1962年東京都生まれ．1992年東京大学大学院博士課程修了．現在，日本薬科大学教養・基礎薬学部門教授．博士(理学)．

基礎化学12講

2008年4月21日　第1版　第1刷　発行	編著者　左巻　健男
2025年2月10日　　　　　第19刷　発行	発行者　曽根　良介
	発行所　(株)化学同人

検印廃止

〒600-8074　京都市下京区仏光寺通柳馬場西入ル
編集部　TEL 075-352-3711　FAX 075-352-0371
企画販売部　TEL 075-352-3373　FAX 075-351-8301
振替　01010-7-5702
e-mail　webmaster@kagakudojin.co.jp
URL　https://www.kagakudojin.co.jp
印刷　創栄図書印刷(株)
製本　藤原製本(株)

JCOPY 〈出版者著作権管理機構委託出版物〉
本書の無断複写は著作権法上での例外を除き禁じられています．複写される場合は，そのつど事前に，出版者著作権管理機構(電話 03-5244-5088，FAX 03-5244-5089，e-mail: info@jcopy.or.jp)の許諾を得てください．

本書のコピー，スキャン，デジタル化などの無断複製は著作権法上での例外を除き禁じられています．本書を代行業者などの第三者に依頼してスキャンやデジタル化することは，たとえ個人や家庭内の利用でも著作権法違反です．

Printed in Japan　© Takeo Samaki　2008　　無断転載・複製を禁ず　　ISBN978-4-7598-1152-0
乱丁・落丁本は送料小社負担にてお取りかえします．